AF452176

SECOND MÉMOIRE

SUR

L'AMÉLIORATION

DES

RACES DE BESTIAUX,

OU

TRAITÉ D'INSTRUCTIONS

SUR CETTE MATIÈRE,

Par Jean-Louis RODIEUX,

de Cuves, rière Rossinière, au Canton de Vaud.

Prix de souscription, deux francs.
Prix de vente aux personnes qui n'ont pas
souscrit, deux francs cinq batz.

A LAUSANNE,

Chez Amédée Baatard, Libraire,

Et à Cuves, chez l'Auteur.

1824.

Je déclare que je désavouerai, et envisagerai comme contrefait, tout exemplaire de cet ouvrage, qui ne sera pas signé de ma main.

N. Rodieux

AVERTISSEMENT.

Cet ouvrage devant vraisemblablement tomber entre les mains de beaucoup de personnes qui n'auront pas lû mon premier mémoire, je suis obligé pour rendre l'histoire de mes expériences complète, et pour l'intelligence de l'ensemble, de répéter plusieurs morceaux qui sont contenus dans cette première brochure ; en insérant ici à mesure à propos, et en ajoutant, ce que dans ce premier mémoire, j'avais omis de vrai à dessein, afin d'y laisser du mystère ; comme je devrai maintenant aussi retrancher, ce qui devient inutile aujourd'hui.

Les répétitions littérales du premier Mémoire seront imprimées en caractère différent.

ENSEMBLE D'INSTRUCTIONS

Sur l'amélioration des races de bestiaux.

L'UN des spectacles les plus étranges, s'offre en ce jour aux yeux des savans ; un paysan grossier, sans éducation soignée, un pâtre des Alpes, n'aguères ignoré hors de sa commune, entre dans la nouvelle carrière que ces savans eux-mêmes, ouvrent aujourd'hui aux découvertes utiles, et vient leur disputer le prix.

Il ne faut cependant pas ici se méprendre ; je ne prétends point mériter une place entre les savans, les sciences ne m'ayant pas été enseignées, je ne prétends point avoir la connaissance de l'art d'écrire ; assez heureux sous ce rapport, si dans mon sujet, je parviens à éviter les écueils les plus dangereux du langage, qui s'y trouvent si fréquemment.

Mais je me propose de publier une découverte, qui me paraît à la fois, curieuse, et d'une grande utilité, sur un sujet où l'élévation des savans ne leur permet pas de descendre ; du moins , où leur état ne leur permet pas de rester assez longtemps pour faire les observations nécessaires en pareil cas ; et le seul objet intéressant au contraire , qui soit à ma portée.

En conséquence , pour m'acquitter convenablement de la tâche que je me suis imposée , il me semble que je dois :

1°. Faire l'histoire complète de mes expériences , sur l'amélioration des races de bestiaux ; histoire qu'à dessein de laisser d'abord couverte d'obscurité , je n'avais qu'ébauchée dans mon premier mémoire.

2°. Tirer de cette histoire , au moyen de quelques réflexions , des principes pratiques distincts pour chaque état , plus ou moins faciles , ou difficiles , et curieux ; c'est-à-dire , en rapport avec les divers cas , des diverses personnes , qui voudront suivre mes leçons , ou s'instruire de ma découverte , le peuple , les agronômes éclairés , et enfin les naturalistes.

CHAPITRE PREMIER.

Histoire complette de mes expériences sur l'amélioration des races de bestiaux.

N'AYANT pas même atteint ma vingtième année, et chargé par mon pére des soins pénibles de sa maison, je vis d'abord, à l'aide de quelques réflexions très-faciles et de quelques calculs très-courts, que, vu le haut prix où la concurrence a élevé les fourrages dans nos contrées, le nourrissage sans choix du bétail, bon, médiocre et mauvais, selon que les circonstances ordinaires le font naître et nous le présentent, ne peut généralement parlant, que faire éprouver chez nous d'assez grandes pertes, et qu'il vaudrait beaucoup mieux vendre son fourrage au prix courant que d'élever ainsi du bétail sur ce pied ; je vis de plus qu'en retranchant le mauvais bétail à sa naissance, et en n'élevant que le bon et le médiocre, il n'y avait même aucun profit ; mais que si l'on eut pu parvenir à faire naître à volonté des individus distingués par leur grandeur, leur force, leur beauté, leur état plus affermi de santé, leur embonpoint, comme par la plus grande abondance de lait que donnent les femelles de cette trempe, selon les modèles que la nature nous fournit quelquefois par hazard, mais rarement, et tout cela sans plus de frais, ou avec peu de plus de frais, de cout ou d'entretien, je vis, dis-je, qu'alors il y aurait un bénéfice considérable. Pressé donc par le besoin et avide d'instruction, je résolus de faire tout ce qui dépendrait de moi pour parvenir à ce but, que je jugeois si important ; ce que je crus être possible.

Cependant cet ouvrage n'était pas sans difficultés ; il fallait sonder la nature, pénétrer dans les mystéres obscurs de la génération, et les faire servir à notre usage.

Ces difficultés prévues, je devais chercher les moyens de les surmonter, et pour cela me meubler de toutes les connaissances acquises jusqu'à ce jour à ce sujet, afin que suivant autant que possible le chemin battu, je ne me trouvasse pas épuisé lorsque je devrais m'en frayer un nouveau, quand je serais au bout de ses traces.

Car mon systéme n'est pas de mépriser et de rejeter ce que l'on a dit et fait de bon là dessus, mais de l'admettre et d'aller plus loin.

Je trouvai donc dans les documens destinés pour m'aider à établir mes connaissances, que pour procurer le perfectionnement des espèces, il fallait prendre des mâles ayant fait leur accroissement, grands, bien faits, beaux, selon les formes extérieures que je ne répéterai pas, mais que l'on savait très-bien désigner ; que de plus, il fallait les bien nourrir et les bien traiter. Mais ayant observé d'abord qu'en ne donnant que des vaches communes à des taureaux choisis, selon ces instructions, on n'avait pas de grands résultats, je crus qu'il y avait lieu d'ajouter ici quelque chose, et que le choix analogue de la femelle pouvait être nécessaire ; ce premier choix n'ayant encore rien produit que de commun, il s'agissait d'en faire un autre sur des principes plus abstraits, ayant vu en faisant mes premiers essais, qu'entre des vaches de même grandeur et de même beauté, et n'ayant que des caractères extérieurs tout semblables, accouplées au même taureau et dans les mêmes circonstances, les unes produisoient moindre qu'elles, d'autres comme elles, et que des troisièmes produisoient mieux,

j'en conclus qu'il y avoit chez quelques femel-
les des propriétés particulières pour le perfec-
tionnement de l'espèce, indépendantes jusqu'à
un certain point de leur grandeur et de leur
beauté, et qu'en choisissant de génération en
génération, ces individus femelles à qualités
supérieures en ce genre, si l'on pouvait les
connaître on aurait des résultats plus heureux.

J'acquis bientôt cette connaissance, *du choix*
convenable *des bonnes femelles*; et cette première connaissance consiste à savoir choisir
le petit qui naît au premier moment de la
maturité d'une mère, c'est-à-dire, aussitôt
que son accroissement est accompli; ce n'est
pas là à beaucoup près, tout ce qu'il faut
connaître sans doute, mais j'appelle cependant ce choix convenable pour le premier
essai vu le rapport des choses; parce que dans
ces commencemens, une plus grande lumière
sur les qualités requises aux femelles, n'aurait peut-être servi qu'à me dérouter plus
longtemps, en éblouissant mes faibles yeux;
selon que tout cela s'expliquera ci-après.

Et comme je ne pouvais pas garder des tau-
reaux jusqu'à leur maturité, sans forcer un
peu mes ressources, je me persuadai qu'en
donnant à mes vaches choisies pour la propa-

gation, *le plus grand et le plus beau taureau de mon voisinage, selon qu'on m'avait
appris à les connaître, mon but serait alors
atteint.*

*Deux petites vaches, mais ayant les quali-
tés requises* susdites*, furent donc choisies les
premières pour faire ces nouvelles expériences ; afin de rendre d'autant plus certaines et
plus sensibles les avantages de ce nouveau sys-
tème d'amélioration, je leur donnai de grands
et beaux mâles, et mes espérances furent sa-
tisfaites, car les veaux qui naquirent d'elles
devinrent plus grands que leur mère, et furent considérablement améliorés.*

*Mais pour rester fidèle à mes principes, je
ne devais pas prendre au hazard entre les
veaux, ou descendans femelles de ces deux
mères, ni même choisir seulement les plus
grands et les plus beaux d'entr'eux ; je devais
m'attacher en même temps, et principalement
à ceux que je croyais les plus propres à l'a-
mélioration de l'espèce*, savoir toujours, comme
je l'ai dit plus haut, le premier petit qui provient d'une mère, au premier instant après
qu'elle avait fait son accroissement, soit au
premier moment de sa maturité ; *je le fis,
et cette seconde génération fut encors de beau-*

coup agrandie, même opération pour la troisième génération, où je fus également heureux.

Et mes jeunes animaux de ces deux races différentes, ne se faisaient pas remarquer seulement par leur grande et superbe taille, mais bien plus encore par leur légéreté à la course et leur force; à l'âge de deux ans et demi ils se battaient avec toutes les vaches des communaux de mon village, et il ne se trouvait presque point de vache faite qui put les faire plier.

Une découverte conduit à l'autre, et voyant que dans le moment de la plus grande force de l'âge de mes vaches, leurs produits étaient d'une trempe supérieure, j'imaginai qu'en augmentant cette force par des moyens accessoires, le résultat devrait en être plus grand et plus assuré.

Que fis-je donc encore? Après que mes vaches avaient mis bas la première portée, je leur donnais du repos, c'est-à-dire, je les laissais oisives une année, soit dans l'état de vacuité, méthode qui devait réunir deux avantages, le premier, de favoriser l'accroissement même de la mère, et le second d'augmenter ses forces génératives, pour la faire ainsi produire encore mieux.

Je ne tardai pas en effet à pouvoir observer

avec évidence que je ne m'étais pas trompé, car les veaux qui nâquirent de ces vaches ainsi disposées , (veaux dont quelques uns furent femelles , quoiqu'en petit nombre) , outre l'accroissement plus rapide du corps, eurent encore un embonpoint extrémement supérieur aux individus communs de leur espèce, et ce qui en est le résultat ordinaire, et à fort peu d'exceptions près , les femelles de cette espèce donnèrent une beaucoup plus grande quantité de lait, quoique jusqu'à présent c'ait été contre l'opinion commune, que les femelles qui ont le plus d'emponpoint , puissent donner en même temps le plus de lait.

Et pour achever de me convaincre , je crus devoir chercher l'origine des individus distingués dont j'avais eu et dont j'avais encore connaissance dans mon voisinage , et il se trouva également que tous ceux qui avaient une grande supériorité sous ces rapports , avaient été façonnés par les causes susdites, quoique certainement par hazard.

Mais ici va paraître une autre scène, à laquelle on ne s'attend pas.

Voulant poursuivre mes opérations dans la même carrière, avec l'espoir du même succès, mon échaffaudage tomba et je dus tout recommencer.

D'abord je n'attribuai ce désastre qu'à quelque cause particulière, à laquelle j'espérais que la tentative générale n'aurait point de part. Je recommençai ; mêmes avantages et mêmes revers lorsque je tentais d'améliorer plus loin que ce degré là.

L'affaire devenoit sérieuse ; ou la nature, dis-je alors, a placé sur ce point des bornes à l'amélioration des espèces, que cette amélioration ne doit point dépasser, ou tout au moins un grand obstacle ; voyons donc de près ce qui en est, et si cet obstacle se peut franchir ou éviter par quelque moyen praticable.

Ici, comme partout ailleurs, et en toute autre chose, il faut penser, réfléchir et observer avant que d'agir ; pour apprendre ou continuer à suivre constamment en tout les leçons et la route de la nature, car quelque sévère que sa main soit quelquefois, nous ne pouvons encore, sans nous condamner nous-mêmes à nous tromper, et à nous égarer perpétuellement, refuser de la prendre pour précepteur et pour guide.

On a vu, que pour faire opérer le premier jeu de mes ressorts, et donner la première impulsion, aux roues de la machine que j'avais inventée, j'avais pris, non les plus grandes pièces qui se présentaient sous ma main, mais les plus capables d'agir avec force dans la place à laquelle je les destinais ; maintenant j'ai reconnu le besoin de trouver un modérateur plus puissant , pour reprimer les mouvemens désordonnés , qu'occasionne l'excés de la force mouvante ; ou pour parler sans figure , ayant choisi comme je l'ai dit d'entrée , non uniquement les vaches les plus grandes et les plus belles , pour opérer mon perfectionnement , mais celles que je croyais douées dans le degré le plus éminent des facultés de la reproduction , et ayant vu d'après mes observations , assez souvent répétées sur les produits , que la cause qui détruisait constamment mon ouvrage , venait de la trop grande force de la femelle améliorée , je me doutai enfin d'autre chose ; et je mis en question , si ce n'était point le défaut de rapport des forces prolifiques du mâle et de la femelle qui brisaient tout ; lorsque cette dernière était trop forte et trop perfectionnée pour le mâle qu'on lui donnait ; et s'il n'était pas indispensable que le mâle fût également perfectionné.

Mais pour que mes lecteurs puissent avancer davantage dans notre route , je ne peux plus renvoyer de porter aussi de la lumière dans ce nouvel endroit ténébreux.

Je viens donc les éclairer pour passer l'obstacle fameux dont j'ai parlé, contre lequel se brisa si longtemps , coup sur coup , mon amélioration avancée; et que je ne suis parvenu à savoir éviter, qu'après tant de tatonnemens , et tant d'efforts.

Quand mes vaches, ai-je dit, étaient arrivées au plus haut degré de perfection, où j'avais sçu les faire atteindre, il survenait un désastre; c'est qu'elles ne me faisaient plus alors aucune femelle, mais uniquement des mâles; et voilà comment les plus fortes races se détruisaient toujours sous ma main!

Etonné donc de voir qu'après des expériences multipliées, ce revers se renouvelât perpétuellement, je voulus savoir, afin d'achever de lever tous les doutes, relativement à la certitude de l'existence de l'obstacle, et avant que d'en rechercher la cause, si la même chose avait eu également lieu hors de chez moi, au sujet des individus perfeetionnés par hazard; et pour cela , j'eus d'abord recours à ma mémoire, que je suivis aussi loin qu'elle pouvait remonter.

Et par ce moyen je me rappelai d'abord d'avoir entendu dire à un de mes voisins, qu'une fois étant berger au pays de Vaud, chez un riche propriétaire ; son maître avait une vache extraordinaire, qu'il s'était procurée pour élever de belle race , mais que cette vache ne lui avait jamais fait que des veaux mâles.

Je me rappelai encore , qu'à propos de vaches, un homme de mon pays m'avait raconté , il y a plusieurs années , que son père avait eu une vache qui donnait huit pots de lait par jour , de notre ancienne mesure , c'est-à-dire , quarante livres poids de dix-huit onces ; laquelle vache cet homme avait gardée environ vingt ans , à cause du grand profit qu'il en retirait ; et esperant toujours de pouvoir élever de sa race , mais que cette vache lui avait fait dix-sept veaux mâles pendant ce temps là, et jamais un veau femelle.

Je me rappelai de plus, que dans mon jeune âge, un vieillard aussi de mon pays , m'avait raconté qu'il avait été plusieurs étés dans une montagne, où il y avait une vache qui donnait dix pots de lait par jour, aussi de notre ancienne mesure ; c'est-à-dire , cinquante livres poids de dix-huit onces ; que cette vache était en même temps d'une grandeur et d'une force extraordinaires ; tellement qu'elle pouvait battre presque tous les taureaux qu'on met ordinairement dans les montagnes; mais que le maître de cette vache était presque inconsolable de ce qu'il n'avait pas pu élever des vaches d'elle, car elle ne lui avait fait que des veaux mâles.

Ce n'est pas tout, je cherchai à me rappeler, sans consulter personne, de ce qui en était au sujet des vaches de mon voisinage, qui avaient été seulement oisives une année, soit dans l'état de vacuïté, et je trouvai que sur dix-neuf ou vingt de ces vaches, dans divers âges de leur vie, et à diverses époques, il y en avait seize ou dix-sept qui avaient fait des mâles; et qu'il n'y en avait que trois ou quatre qui eussent produit des femelles.

J'apperçus donc ainsi que les femelles les plus fortes et les mieux disposées, avaient fait partout ordinairement des mâles, mais qu'il y avait des exceptions.

Des exceptions, 1°. relativement à ce qu'on m'avait raconté, puisque ces vaches extraordinaires dont j'ai parlé avaient été produites par des fortes mères sans doute, quoique je ne les connusse pas.

Des exceptions, en second lieu, relativement aux vaches laissées en vacuïté chez moi, pourvu que ce ne fut pas dans le moment de la plus grande force de l'âge, et des exceptions relativement à celles que je m'étais rappelé avoir vues ailleurs hors de chez moi, car ce n'était pas toujours les plus faibles d'entr'elles mais c'était quelquefois des plus fortes, quoique rarement, qui avaient produit des femelles, lesquels veaux femelles avaient acquis ensuite de ce seul repos de la mère dont je parle, un perfectionnement très-distingué.

Je dus alors être persuadé, ce me semble, que la force générative des femelles tend à produire des mâles, mais d'où vient ordinairement cela ? et d'où viennent ces exceptions de la part de femelles très-fortes ? et comment arrive-t-il quelquefois que des femelles distinguées produisent des femelles, tandis que d'autres très-imparfaites et très-faibles font des mâles, si les femelles doivent être le fruit de la faiblesse, et les mâles le fruit de la plus grande perfection (1).

____

(1) Cette constante supériorité des mâles, n'est-elle pas d'ailleurs indubitablement contraire à l'expérience, car il y a des mâles rabougris, faibles, mal sains, maladifs, imparfaits en tout genre, tandis qu'il y a des femelles fortes, saines, robustes, plus parfaites sous tous les rapports, et dans toutes les espèces que la nature a produites.j

J'étais donc encore obligé d'abstraire toutes ces causes et leurs effets, mais comment faire ? il fallait de nouveau commencer par des réflexions, et finir par des expériences.

La force prolifique des femelles est-elle une force absolue, ou est elle relative ; si cette force est absolue tout est perdu pour l'amélioration, parce que dans ce cas, la faculté de la mère, agissant seule pour la formation des deux sexes, et tendant toujours à produire des mâles par sa grande force, il faudrait nécessairement l'affaiblir pour avoir des femelles, par là rétrograder et revenir au point d'où l'on était parti, ou se résoudre à ne voir naître enfin que des mâles, et ainsi détruire entièrement les espèces en les perfectionnant.

Si cette force des femelles pour la génération est relative, comme quelques exceptions le font espérer, et qu'on pût sans détruire cette force ou sans la diminuer, la surmonter par une force plus grande encore, pour la faire produire des femelles, l'égalité du nombre des individus de chaque sexe pourrait avoir lieu de nouveau et l'amélioration s'élever progressivement pendant longtemps, en proportion de la force toujours croissante des races de femelles, comme de mâles, sans que rien pût porter atteinte à ce perfectionnement.

Oui,

Oui , le seul moyen d'applanir ces difficultés désolantes, et d'avancer dans la carrière de l'amélioration ; est, relativement à la
force des femelles , de la surmonter , et non
pas de l'affaiblir ; mais quelle serait la cause
dans la nature , qu'on pût supposer capable
de produire ce grand effet ? Une idée me fit
tressaillir !!! ce serait si les mâles avaient également des degrés divers de forces génératives ; et tendaient en proportion de ces forces
là , à produire des femelles , comme les femelles tendent à produire des mâles !!! *Il fallait donc savoir encore si l'expérience sanc-
tionnerait aussi cette nouvelle supposition , qui
paraissait si bien d'ailleurs , satisfaire les principes de la raison , et être d'accord avec toutes les autres règles de la nature.*

*Mais pour mettre à exécution cette dernière
portion de ma théorie , je ne me trouvai pas
encore exempt d'embarras ; il fallait , ou choisir un veau mâle à sa naissance , ayant les
qualités requises , et le garder moi-même pour
cet usage , jusqu'à sa maturité ; ce que mes
faibles moyens m'avaient toujours fait redou-
ter ; ou en trouver un , possédant ces qualités
précieuses , choisi et élevé par hasard dans les
communes voisines , entre dix autres qui ne*

les avaient pas. Il se pouvait sans doute qu'on eut choisi quelque part par hasard . le meilleur veau mâle que peuvent produire les vaches ordinaires , mais il était impossible qu'on eut fait un choix convenable de génération en génération , et qu'il put se trouver un taureau assorti à mes vaches perfectionnées , sans avoir connaissance des principes et des caractères requis pour cela.

Et la certitude de cette impossibilité , me rendait assez certain aussi sans doute , de la nécessité où je devais me trouver dans peu , d'élever des taureaux moi-même pour avancer le perfectionnement désiré ; seulement en attendant , j'aurais voulu trouver des mâles possédant , ne fut-ce que dans un degré très-faible , la faculté de constater par des expériences , le fait dont il s'agissait , à l'égard duquel je conservais encore quelque incertitude.

Toujours , il fallait faire davantage , ou perdre tout ce que j'avais déjà fait ; je m'enquis donc des taureaux existant dans les environs ; j'en examinai un certain nombre , et je crus trouver , dans la commune de Montbovon , au Canton de Fribourg , à la distance seulement d'une lieue de Cuves , où j'habite , un taureau à peu près comme il me les fallait.

J'avais encore deux rejettons de mes vaches perfectionnées jusqu'à la troisième génération, l'un de trois années et l'autre seulement d'une ; j'opérai d'abord avec le premier, et le fruit que produit ce nouvel essai, m'affermit dans mes présomptions.

Et non seulement je faisais mes nouvelles expériences dans ma propre écurie, mais encore dans plusieurs autres, où la pratique de la médecine vétérinaire que j'ai suivie, avec quelques succès, depuis plusieurs années, sans l'avoir apprise hors de chez moi, m'introduisoit fréquemment, et où je dirigeais même bien des choses relatives à l'amélioration des races d'animaux, quand je le pouvais sans effort.

Il s'agissait de savoir par l'examen des produits, si l'influence du mâle sur la génération est telle que je la suppose et que je la desire, et sans quoi ne seront que de pures chimères tous les projets d'amélioration bien élevée ; savoir, si cette influence du mâle tend à faire produire des femelles, et par conséquent, si l'on pourra également avoir des petits femelles avec des mères fortes et perfectionnées, qui sans ce moyen là n'en produisent plus.

Or, pour m'assurer de cette influence, je ne

2 *

me contentais pas d'observer de mes yeux , mais j'adressais des questions à divers propriétaires , au sujet de leur bétail , auxquelles questions ils répondaient toujours avec bonne foi , autant qu'il est à ma connaissance , mais qui les étonnaient et où ils ne comprenaient rien.

Et leurs réponses me faisaient espérer toujours davantage que tout irait au gré de mes vœux.

Mais le taureau fribourgeois que j'avais choisi pour mes expériences , comme possédant des qualités particuliéres que les autres n'avaient point , acquit une telle réputation l'année suivante , non pour ces qualités là que j'avais moi seul en vue , mais par sa grandeur et sa beauté , qu'un nombre immense de vaches lui fut amené de tous côtés ; j'allai bonnement aussi moi-même à ce concours inconsidéré avec le dernier et le seul individu perfectionné jusqu'à la troisième génération qui me restait alors ; une genisse de deux ans , la plus belle , la plus grande , la plus forte , et la plus saine encore de toutes ; mais qu'arriva-t-il ? les neufs dixièmes des vaches ne retenaient pas ; ma superbe genisse fut empoisonnée ; elle rejetta dès ce moment et pendant longtemps des volumes d'ordures affreuses ; j'avais beau lui donner d'autres mâles elle ne pouvait retenir ; elle retint pourtant enfin , mais bientôt elle avorta et ne reporta jamais ; bien plus , les veaux qui naquirent du peu de vaches qui avaient retenu du bon taureau furent détestables , mais tout ceci m'apprit à connaître une chose grâve à laquelle je ne m'attendais encore pas.

C'est quels sont les maux qui peuvent résulter de l'épuisement , car c'était incontestablement l'épuisement et l'indisposition du taureau qui étaient la cause de ceux que je viens de raconter ; je ne finirai pas sans redire un mot sur cet objet important.

Et ces dernières aventures me décidèrent enfin, quoiqu'il put m'en couter , à élever, moi-même des taureaux de commande ; premièrement , pour en avoir au besoin dans un degré plus perfectionné que l'on ne peut trouver par tout ailleurs , selon les raisons que j'ai dites plus haut et qui sont assez évidentes ; en second lieu pour pouvoir les préserver de l'épuisement ; vu que sans cette précaution tout le reste est inutile.

J'ai donc enfin élevé et gardé des taureaux selon mes vues , ainsi que de nouveau des vaches de cette même qualité , et observé depuis constamment pendant cinq années , leur in-

fluence sur la génération, soit chez moi soit ailleurs , *par l'examen des produits de ces taureaux , avec les vaches superfines et avec les vaches communes , et le succès de ces expériences qui s'est si bien soutenu pendant cette époque , semble ne devoir plus laisser aucune incertitude sur le grand résultat qui doit avoir lieu.*

Or, pour que ce premier résultat fut d'abord ce qu'il devait être , au sujet des divers degré de rapport ou de différence des forces prolifiques respectives des sexes , il fallait donc :

1°. Que mes mâles perfectionnés fissent produire aux vaches communes plus de femelles que de mâles.

2°. Que ces mêmes mâles ne fissent produire aux femelles qui devaient avoir le même degré de force générative qu'eux , qu'un nombre égal d'individus des deux sexes.

3°. Que les femelles les plus perfectionnées fissent encore plus de mâles que les communes , quoique moins que précédemment.

C'est donc ce que je vis exactement , car le premier de mes taureaux de commande , c'est-à-dire , né d'une vache dans la force de l'âge et ayant été en vacuïté, quoique le dit taureau n'eut encore qu'un an, l'hiver de 1816 à 1817 il fit concevoir cet hiver à des vaches communes, les trois quarts de plus de femelles que de mâles, savoir, des vaches qui lui furent amenées, dont les produits me furent connus ; dix de ces vaches firent des veaux femelles, et trois seulement firent des veaux mâles.

L'hiver de 1817 à 1818, un autre de mes bons taureaux, comme dit, et également à l'âge d'une année, rendit aussi portantes plusieurs vaches, mais ayant été la plupart vendues dans l'étranger, je ne pus avoir connaissance l'année après que des produits de six d'entr'elles, desquels produits il y eut quatre femelles pour deux mâles, et ce qu'il y eut de plus remarquable, c'est que de ces six vaches, deux qui avaient été en vacuïté l'année précédente firent des veaux femelles, ce que je ne pouvais presque jamais voir auparavant.

Il y a plus, un de mes voisins avait cette même année un taureau de deux ans, né d'une vache qui n'avait pas été en vacuïté l'année précédente, mais qui était dans la plus grande force de l'âge, et qui outre cela avait eu un avantage particulier dont je ferai

connaître les effets précieux ci-après ; ce taureau, dis-je, fit naître quinze veaux femelles
pour cinq mâles, de vingt vaches qui lui
furent menées, dont je pus connaître les produits, et cela quoique quelques unes de
ces vaches qui firent des veaux femelles,
eussent été en vacuïté l'année précédente ;
tandis qu'ailleurs il ne naissait comme à l'ordinaire qu'un nombre à peu près égal de femelles et de mâles.

L'hiver de 1818 à 1819, un autre taureau
d'un an, né d'une vache qui avait été reposée
et laissée en vacuïté, n'engendra que des femelles, au moins à ma connaissance.

Ce même hiver, sur le nombre de vingt
et quatre vaches, dont j'ai connu les produits,
qui furent amenées à l'un de mes bons taureaux qui m'avait déjà servi pour mes expériences l'hiver précédent, il en résulta ce
qui suit :

De six vaches qui avaient été en vacuïté,
amenées au commencement de l'hiver, il y
en eut trois qui firent des veaux femelles,
à ma grande satisfaction.

Mais une légère indisposition ayant atteint ce
taureau et affaibli ses forces génératives, quoique pas assez gravement pour l'empêcher de

faire concevoir; des dix-huit autres vaches qu'il rendit portantes, il y en eut quinze qui firent des mâles, tandis que trois exactement produisirent des femelles, ce qui m'avait fait dire dans mon premier mémoire; *seulement une indisposition d'un de mes bons taureaux faisant tout aller de travers pendant quelques mois d'une année, me donnait encore quelques craintes, mais ce qui bien vu ensuite, n'a fait que me rassurer beaucoup mieux.*

Car toujours quand les meilleurs taureaux ont laissé faire beaucoup de mâles, c'est, quoique sans indisposition connue, lorsqu'ils étaient le plus fatigués ou épuisés.

J'ajouterai que pendant l'époque indiquée, les expériences que j'ai faites relativement aux boucs et chèvres, ont toujours eu le même résultat, car encore, un bouc perfectionné par les moyens que j'ai fait connaître, qui pendant qu'il était dans toute sa vigueur naturelle, faisait produire des femelles en plus grand nombre que de mâles, laissait faire au contraire plus de mâles, lorsqu'il était épuisé, comme ensuite la supériorité de son influence masculine, redevenait de nouveau sensible, quand il avait eu quelque repos (1).

---

(1) Il faut bien me comprendre ici, c'est de repos

Voilà déjà , je pense, quelques données originales sur l'amélioration des races d'animaux , et ce me semble satisfaisantes , comme étant naturelles et raisonnables ; naturelles, en ce qu'elles enseignent de choisir pour le perfectionnement des espèces , les produits des pères et mères dans le moment de la plus grande force de l'âge et augmentée par des moyens accessoires , ainsi qu'on choisirait un fruit d'une plante ou d'un arbre , non seulement pour sa qualité nourricière la plus sensible , mais afin d'avoir le meilleur germe pour la meilleure reproduction d'une nouvelle plante ou d'un arbre nouveau.

Raisonnables , en ce que , pour surmonter un obstacle que l'on trouve , elles attribuent au mâle , sa part de l'influence et de l'action dans la formation des sexes , idée qui doit au moins satisfaire , puisque déjà l'on attribue au mâle sa part d'influence dans la génération sous tout autre rapport.

---

génératif dont il s'agit , et non pas d'inaction ; car si le repos génératif fortifie les facultés génératives, l'inaction les affaiblit, mais il ne faut cependant pour les fortifier qu'un exercice ou travail modéré , car les excès sont en tout nuisibles.

Cependant , si je n'en disois pas **davantage** et qu'on ne voulut bâtir qu'avec les matériaux que je viens de faire connaître , l'édifice de l'amélioration serait bientôt encore sappé dans ses fondemens.

J'avais élevé plusieurs animaux selon les principes que je viens d'indiquer , animaux qui se distinguaient tous par quelque qualité précieuse , les uns par leur force musculaire, la grandeur et la beauté , d'autres par l'embonpoint , d'autres encore par l'abondance du lait , selon la cause bien connue qui devait produire chacun de ces effets , mais jusques là si les uns avaient une santé ferme et solide , les autres n'avaient qu'une santé chancellante et qui se renversait facilement , ainsi il manquait encore la qualité la plus importante , puisqu'elle sert d'égide et de sauvegarde à toutes les autres , pour les préserver des causes de destruction qui les attaquent sans cesse ; vu que sans elle tous les autres avantages peuvent s'anéantir constamment avec facilité ; et cette qualité suprême , c'est je l'ai dit et je le répète , l'état de santé le mieux affermi.

Or l'instruction relative à ce sujet se divise en deux parties ; la première consiste à moutrer ce qui fait naître les animaux avec la santé la plus forte , et la seconde à faire connaître les précautions à prendre pour conserver cette santé ; car la santé la plus solide peut aussi se détruire comme la plus faible, quoique peut-être , dix, cinquante, cent fois plus difficilement.

Je terminerai ce chapitre en traitant de la première question, et je réserverai la seconde pour le chapitre suivant.

J'observe donc d'abord que dans mon pays nous avons une espèce de bestiaux où il y a peu d'individus d'une santé ferme et solide, et que nous avons une autre espèce où il y a peu d'individus d'une faible santé, et qu'à cet égard, les autres espèces tiennent le milieu entre ces deux là ; mais ce qui doit étonner au premier instant, et ce qui est pourtant exactement vrai, c'est que dans ce pays ce soit l'espèce de bestiaux la plus grande et qui a le plus de forces musculaires qui se trouve, dans le premier cas, exposée au plus grand nombre de maladies et attaquée le plus souvent ; savoir, le gros bétail à cornes ; tandis que c'est l'espèce la plus petite qui est dans le second cas, c'est-à-dire celle qui a la santé la plus forte , l'espèce des moutons et brebis (1) ; J'observe de plus, d'après les lectures qne j'ai faites et ce qu'on m'a raconté, que dans d'autres pays cette même espèce de moutons et de brebis est en proie à une infinité de maladies ; d'où je suppose que l'état de santé fort au faible des animaux, provient de la manière plus ou moins naturelle ou contre nature dont ces animaux sont élevés (2).

____

(1) Il faut que j'en cite un exemple ; on tond ici les moutons et brebis indigènes deux fois par an, au printemps et en automne ; eh bien, il arrive quelquefois qu'en automne, peu de jours après la tonte, quelques brebis s'échappent dans des forêts, dans des lieux agrestes pour mettre bas, et que quelquefois dans nos montagnes, le mauvais tems, la neige, un froid de cinq à six degrés, surprennent à ce moment critique les brebis, et fondent sur elles ainsi dépouillées ; cependant les ressources du bon tempéramment de ces animaux les font triompher de toutes ces attaques, tellement, dis-je, que les brebis en réchappent avec leur fruit, victorieuses, et dans le meilleur état de santé.

(2) On me dira sans doute que le climat pourrait occasionner les maladies de l'une des espèces plutôt que de l'autre ; je l'avoue, mais je réponds que le climat de mon pays convient mieux au tempéramment du gros bétail que du petit, surtout à celui des chèvres en hiver, et qu'ainsi il faut chercher ailleurs, la cause des maladies, en plus grand nombre du gros bétail.

Ayons donc encore recours, relativement à cet objet, à notre guide et précepteur ordinaire ; et cette étude sera maintenant d'autant plus facile que nous sommes plus exercés.

Les meilleurs modèles que nous puissions avoir aujourd'hui sont les animaux dans l'état sauvage, tels qu'on les rencontre dans le climat le plus favorable à chaque espèce ; mais dans l'état de domesticité nous ne pourrons jamais, sous bien des rapports, donner complètement à nos bestiaux l'éducation qu'ils reçoivent de la nature quand ils sont sous sa direction immédiate, et tout ce que nous pourrons faire à bien des égards, c'est d'en rester le moins éloigné que possible, mais en revanche nous avons quelques avantages ; c'est d'abord de pouvoir toujours réunir pour la propagation les individus les plus propres à la propagation, et leur donner quelque fois un repos génératif, ce que la raison nous enseigne, ce dont l'expérience confirme l'utilité, mais que la nature elle-même ne fait que très-rarement dans une génération quelconque, et jamais dans une suite de générations.

Encore un coup suivons la nature ; c'est-à-dire, ne faisons jamais rien qui soit contraire à ses lois, mais pour nous dédommager de ne

pouvoir toujours l'imiter en ce qu'elle exé-
cute elle même , ne craignons pas de nous
servir de moyens secondaires quand ils ne
sont pas interdits par la nature ; or si elle ne
nous interdit pas la culture et le perfectionnement de ses productions végétales , pourquoi nous interdirait-elle la culture et le perfectionnement de ses productions animales ,
en ce que la raison indique et permet ?

Commençons ceci par voir comment s'y
prend la nature pour élever les animaux sau-
vages , si vigoureux , si supérieurs en force et
en santé à nos animaux domestiques de la
même espèce ; elle les fait engendrer et naître
dans la saison la plus convenable à chaque
espèce ; elle dispose les forces et la santé des
pères et mères par la liberté de l'exercice ;
elle développe et conserve les facultés des
petits par les mêmes moyens , et si elle ne
préserve pas toujours les uns et les autres de
la disette , elle les préserve presque toujours
des excès et de la satiété.

Ayant donc supposé, selon ma coutume ,
qu'entre les espèces et les individus d'animaux
domestiques , ceux qui avaient la santé la plus
faible avaient été élevés de la manière la plus
contraire aux règles de la nature, et que ceux

qui avaient la santé la plus forte avaient été élevés de la manière qui s'en rapprochait le plus, il fallait savoir de nouveau si ma supposition était fondée.

Et à cet effet je me rappelai qu'une de mes vaches, bonne à lait, ayant beaucoup d'embonpoint, produisant d'assez bons veaux, je me rappelai, dis-je, que cette vache d'une santé délicate et que je ne conservais que par de grands soins avait été engendrée dans un moment où sa mère était depuis longtemps dans l'inaction ; que vu les circonstances je ne sortais pas même de l'écurie pour l'abreuver ; et conséquemment j'attribuai ce défaut à cette cause, mais pour que cela fut incontestablement démontré, car on n'apprend à connaître la cause du bien, qu'en apprenant à connaître la cause du mal, il fallait que cette expérience fâcheuse fut suffisamment répétée ; cette même vache conçue dans l'état d'inaction de sa mère et dès là d'une faible santé fut donc mise dans le cas de concevoir elle même une fois dans l'état d'inaction, et pour s'assurer toujours mieux si le mal venait de là ; cette dernière vache fut prise au moment de la plus grande force de l'âge , et ayant même eu du repos génératif , ce qui

tendait

tendait d'ailleurs à affaiblir un peu l'inconvénient que l'inaction devait occasionner ; cependant elle me fit un veau femelle que j'é-
levai, qui devint une vache abondante en lait,
grande, belle, comme d'une force musculaire
remarquable, mais d'une santé si faible et si
chancellante, que je ne pus la conserver quelques années en bon état qu'avec des soins et
des précautions auxquelles les nonante-neuf
centièmes des hommes ne s'astreindraient pas.

Il fut évident de plus que mes bestiaux de
la santé la meilleure et supérieurs à tous
égards, lorsque tous les autres moyens
avaient concouru, se trouvaient avoir été conçus dans le printemps de l'année, quand tous
les organes des pères et des mères étaient re-
trempés et remis dans toutes leurs forces,
par la liberté du mouvement et de l'exercice
comme par un régime en tout naturel ; et
lorsque de plus la mère avait pu jouir de ces
avantages pendant sa gestation le plus longtemps qu'il était possible (1).

---

(1) C'est donc par cette même cause que l'espèce des
moutons et brebis, a tant de supériorité dans nos contrées sur les autres espèces, sous le rapport de la santé ;
car les femelles conçoivent presque toujours au printemps,

J'ajoute que ces expériences, relativement
à la santé à donner aux petits avant leur

---

lorsqu'elles sont en liberté d'exercice ; dans la saison des
herbes nouvelles, et cet état de liberté se prolonge pour
elles, pendant tout le temps de la gestation, jusqu'en au_
tomne, où elles mettent bas souvent de bonne heure,
leurs petits ; qu'elles peuvent encore soigner quelque
temps elles-mêmes, avant qu'on les emprisonne.

Je sais cependant qu'il y a ici une exception, et que
des individus, d'une constitution très-forte et en santé,
pourront produire mieux sous le rapport de la santé,
en concevant leurs petits en hiver, et dans une saison
peu favorable, que d'autres individus maladifs, ou seu_
lement d'une constitution très-faible, ne feront dans la
meilleure saison. Oui, quelquefois pour la première génération, mais je continue à affirmer, parce que j'en ai
la certitude, que le premier cas, l'inaction, fait dégéné_
rer la constitution des petits, déjà la première génération, et même déplorablement les générations suivan-
tes, en continuant cette méthode sans interruption ; au
lieu que le second cas, le mouvement des pères et mères,
tend à perfectionner longtemps la constitution des géné_
rations d'animaux, ou à soutenir cette bonne constitu_
tion, quand on ne pourrait pas la perfectionner davantage.

J'avouerai donc en finissant cette note, que j'ai eu
d'abord à cet égard quelque inquiétude, au sujet du bétail des campagnes, que les circonstances ne permettent
pas facilement de mettre dans des montagnes, ou des

naissance, ont toujours été constamment con-
firmées par toutes les observations que j'ai
pu faire hors de chez moi, et en plus grand
nombre qu'aucune autre ; expédient auquel
j'ai toujours eu recours, pour avoir la cer-
titudela plus entière, comme je l'ai déjà souvent répété.

*Et s'il faut quelque preuve de fait, je trou-
verai des témoins qui ont vu les animaux d'une
taille presque gigantesque que j'ai élevés avec
de petites races du côté de la mère, et seule-*

étivages pendant l'été, et que l'on garde à l'écurie toute
l'année ; mais je me suis ensuite rassuré, par la ferme
espérance, qu'un travail modéré, que l'on ferait faire
journellement aux individus mâles et femelles, destinés
à la propagation, et à l'amélioration, pourrait suppléer
suffisamment à l'exercice naturel des pères et mères, que
j'ai recommandé, et que je recommanderai toujours si
instamment, pour le bon état de santé des petits nais-
sant ; lequel exercice je recommande aussi pour ces petits eux-mêmes, jusqu'à ce que leur accroissement soit
accompli ; afin qu'ils puissent acquérir tout le dévelop-
pement et le perfectionnement dont ils seront capables,
pour les mettre en état dans la suite d'échapper à tous
les dangers, comme de surmonter sans inconvéniens tous
les obstacles : et entr'autres, la redoutable épreuve de
l'inaction.

ment avec mes demi moyens, (1) comme au-

---

(1) L'une de mes vaches fut tuée à Vevey au mois de Septembre de l'année 1819, laquelle sans être fort grasse, pour n'avoir pas été tenue longtemps à l'engrais, pesa, poids de dix-huit onces.

Les quatre quartiers avec les rognons 806 liv.
L'avant graisse 80

Ensemble   886 liv.

Une autre de mes vaches, à peu près comme la précédente, fut tuée à Morges, en Mai 1818, mais dont je ne m'étais pas fait rendre compte exactement.

Et l'un de mes bœufs, que j'avais vendu à l'un de mes voisins, à l'âge de trois ans, fut tué à Pâques, à Lausanne, en l'année 1820, à l'âge de cinq ans et neuf mois; et pesa poids de seize onces comme suit :

Les quatre quartiers avec les rognons, 1450 liv.
L'avant graisse . . . . , ... 202

Ensemble   1652 liv.

On m'objectera peut-être, que ce ne sont pas là des prodiges; et que d'autres personnes ont élevé des bestiaux semblables et de supérieurs encore.

Je conviens qu'on a pu voir des bœufs, à l'âge de dix à quinze ans, comme celui que j'avais

jourd'hui j'aurais encore une jeune vache à produire , élevée d'après une partie de mes nouveaux principes , mais pas même d'après tous ; elle a fait son premier veau cette année , (l'année 1821), à l'âge de deux ans et trois mois ; elle est grande , forte et assez belle ; mais surtout remarquable par son embonpoint et par l'abondance de son lait , qui surpasse au moins d'un tiers celui que donnent les meil-

---

élevé était à l'âge de cinq à six ans ; mais je ne conviendrai pas sans preuve qu'on en ait vu de pareils à son âge ; car alors il n'avait pas encore à beaucoup près son accroissement. Et même en admettant ce fait , qu'il a été des bœufs comme celui là , on doit considérer :

1°. Que ce n'est pas de personnes qui les ont élevés par hazard et sans savoir comment qu'on peut recevoir des instructions pour en faire autant et plus qu'eux.

2°. Que j'avais fait produire par principes , et à de petites races du côté de la mère , comme je l'ai dit, les animaux sus-indiqués , pour faire ressortir mes succès avec plus d'éclat.

3°. Qu'à l'époque où ces animaux furent conçus, je n'étais qu'à L'A , B , C , des connaissances que j'estime avoir aujourd'hui pour l'amélioration des races de bestiaux.

leures vaches ordinaires de cet âge ; en un mot il ne lui manquerait presque rien aux yeux des connaisseurs étrangers, et il ne lui manque, à mon jugement, que de n'avoir pas une santé pour ainsi dire à toute épreuve ; (1) mais faut-il s'étonner qu'elle ne soit pas accomplie ? Son père, que j'avais choisi et élevé d'ailleurs pour l'amélioration, n'avait encore qu'un an et deux mois quand il l'engendra, et il manquait aussi quelque chose à sa mère, outre que ce n'est que la première génération ; au reste comme je connais mieux que toute autre chose la cause qui donne aux animaux, avant leur naissance, la santé la plus solide, c'est là le plus petit de mes soins.

Mais quelqu'un qui ne serait pas entièrement satisfait parce qu'il ne se rend qu'à l'évidence ; quelqu'un, dis-je, pourrait ici me demander de bonne foi, comment se fait-il que tu n'ayes à citer comme démonstration

---

(1) C'est un grand mal que de n'avoir pas une santé bien forte, puisque l'état de santé solide assure seul la possession de tous les autres biens ; et que sans cet avantage, selon que je l'ai déja insinué, l'amélioration ne serait que comme un édifice posé sur le sable mouvant d'une mer agitée.

du résultat de tes expériences définitives pendant les cinq dernières années qu'un seul individu femelle, une genisse, pas même élevée d'après tous tes principes, et encore imparfaite à quelques égards, comme tu l'as avoué toi-même ; et comment as-tu pu fonder ta conviction et peux-tu espérer que les autres fonderont la leur sur une seule et aussi faible preuve ?

Je m'empresserai toujours d'éclairer et de satisfaire, autant que j'en serai capable, ceux qui cherchent la vérité de bonne foi.

Voici donc mes explications à ce sujet.

A la fin des dix-huit premières années de mes expériences, savoir, en l'année 1815, j'avais l'évidence de fait, relativement à tous les moyens d'amélioration, excepté celui qui consiste à connaître l'influence du mâle pour la production des femelles, mais ne connaissant pas encore celui-ci, je voyais toujours s'éteindre mes races de femelles améliorées, cela par les inconvéniens dont j'ai fait le récit, la non reproduction des femelles, de plus enfin par l'indisposition de la dernière de mes genisses perfectionnées qui causait son infécondité, indisposition qu'un taureau lui avait donné, ensorte que pour la propagation je n'avais plus de perfectionné qu'un taureau ; ainsi quand au commencement des cinq dernières années j'eus résolu, en théorie, le grand mystère qui avait rendu tout inutile jusques là, j'étais donc obligé pour constater le nouveau fait duquel il s'agissait de me repourvoir d'abord de vaches communes, vu que je ne pouvais pas en avoir d'autres, ou bien faire mes dernières expériences chez mes voisins qui ne possédaient pas plus que moi de vaches perfectionnées, excepté quelques unes de très-ordinaires qu'on avait laissé en vacuïté, car le perfectionnement avait eu partout le même sort. De plus, comme mes moyens pécuniaires ne me permettaient pas d'acheter un grand troupeau, ni de l'élever moi même, attendu que pour l'élever il fallait également faire une avance considérable, qu'il fallait aussi courir des risques, puisqu'on ne pouvait pas encore compter sur un dédommagement complet, à cause que l'influence du mâle était toujours incertaine, et comme d'autre côté il importait moins pour la certitude du fait d'élever quelques individus extraordinaires, que l'on aurait pu attribuer au hazard, que d'avoir un grand nombre d'expériences sur la naissance des sexes ; il est arrivé que pour ne pas

me tromper moi-même et tromper les autres
après moi , j'ai fait presque toutes ces dernières expériences chez mes voisins , avec les
vaches qu'ils amenaient à mes taureaux , comme à d'autres taureaux , bons et mauvais , car
tous m'ont été utiles pour mes expériences ,
et la genisse remarquable que j'ai citée ne
provenait pas même d'une de mes vaches propres , mais seulement d'un de mes taureaux
et d'une vache que l'on avait laissée en vacuïté , appartenant à l'un de mes voisins ,
laquelle ayant été même depuis longtemps
presque dans l'inaction , à cause de la saison
de l'hiver où l'on était , quand la genisse fut
conçue , et cette vache manquant d'ailleurs
de beaucoup d'autres qualités requises , ainsi
que mon taureau , puisqu'il n'avait qu'un an
quand il engendra la dite genisse , et qu'il faut
pour le mieux le premier moment de la maturité de l'âge ; ces deux individus ne pouvaient faire de cette genisse un modèle parfait , surtout sous le rapport de la santé , comme on doit en avoir , avec tous les moyens
réunis , dont je venais de reconnaître la supérieure utilité.

Mais j'ai déjà dit et je le rappelle , que le
résultat de mes essais pour m'assurer de l'in-

fluence du mâle dans la génération , avait été constamment , pendant les cinq dernières années de mes expériences , tel qu'il devait être pour me persuader complètement que j'avais enfin trouvé la base indispensable et inébranlable sur laquelle on peut fonder avec assurance toute amélioration d'animaux ; cependant on a lu dans mon premier mémoire ; *j'avouerai avec la bonne foi que j'ai promise , que quoique je ne doute pas de l'influence du mâle que j'ai tant recherchée et dont maintenant tout dépend , je n'ai pas à cet égard la même certitude que sur l'influence de la femelle , parce que sur l'influence de la femelle j'ai une expérience de dix-huit et de vingt et trois ans , tandis que sur celle du mâle , je n'ai qu'une expérience de cinq ans , et,* en conséquence , *j'aurais certainement répété mes essais avant que d'écrire pour oser attester cette influence du mâle , avec la même assurance que l'influence de la femelle ,* comme aujourd'hui que je ne crains plus de hazard pour en donner la preuve incontestable , ayant eu depuis la publication de mon premier mémoire des raisons de me convaincre de plus en plus, je mettrais au grand jour , chez moi , le résultat de l'ensemble de mes moyens ; *sans les événemens qui me sont arrivés , lesquels changeant tout-à-coup mes rapports et mes convenances , m'ont aussi fait changer de projets.*

Telle est l'histoire détaillée de mes expériences pour l'amélioration des races de bestiaux : j'ai fait voir comment j'avais opéré, pour avoir des individus grands , beaux , forts, disposés supérieurement à l'engrais , ainsi que des femelles à donner du lait en beaucoup plus grande abondance ; j'ai fait voir comment j'avais été pendant longtemps empêché d'avancer mon ouvrage ; j'ai fait voir comment on peut de nouveau continuer ; j'ai fait voir enfin , comment on donne aux animaux naissants la meilleure ou la plus forte santé. Voyons maintenant dans le chapitre suivant , par quels soins on la conserve, avant que de procéder plus outre.

CHAPITRE II.

Des moyens de conserver la santé des bestiaux.

———

„ L ES animaux abandonnés à eux-mêmes ,
„ sont sujets à peu de maladies ; les excès et
„ les maux qu'ils produisent , leur sont éga-
„ lement inconnus , mais ceux qui sont des-
„ tinés à être pour ainsi dire domestiques de
„ l'homme , payent ordinairement les char-
„ ges de cette société , par les maladies plus
„ ou moins nombreuses , qu'elles entraînent
„ nécessairement avec elles. „

> (*Dissertation sur la maladie des che-*
> *vaux , qu'on nomme la morve. A Paris*
> *en Octobre 1765.)*

D'accord ; mais comment cela arrive-t-il ?
C'est toujours selon ce que j'ai dit , pour faire
naître les animaux avec une bonne santé ,
que tous, pères , mères et petits, quand ils
sont dans l'état de liberté naturelle , ils suivent l'instinct que la nature leur a donné
pour les diriger ; au lieu que dans l'état de
domesticité , ils sont toujours en tout ou en

partie privés de cet usage ; apprenons donc aussi à ne pas détruire par nos folies, qui quelquefois consistent à ne leur donner pas assez de soins, d'autrefois des soins superflus et mal entendus; apprenons à ne pas détruire par nos folies, la santé des animaux, quand ils sont nos domestiques, et privés de leur liberté ; comme nous avons appris à leur donner cette santé en les faisant naître; et ce sera toujours en place de la lumière et des directions de l'instinct, dont la nature nous a presque dépourvus; ce sera avec l'aide du flambeau plus lumineux de la raison, et plus de liberté, que nous parviendrons à cette fin ; avantages précieux, avec lesquels l'homme doit parcourir sa carrière; je dis avantages plus précieux que l'instinct, quand notre liberté nous engage à faire usage de la raison, mais présens qui deviennent funestes, quand notre liberté nous engage à abuser du flambeau de notre raison ou à le fouler aux pieds.

Le premier moyen que j'indique donc pour conserver la santé des bestiaux, est la propreté.

Elle consiste : *a*) A bien aérer les écuries deux fois par jour, matin et soir; sous les restrictions cependant qui seront portées au sujet du refroidissement.

b) A mettre sous les bestiaux une assez grande quantité de litière (1).

c) A ne pas laisser séjourner longtems les fumiers et urines dans les écuries.

d) Surtout, n'y point laisser de fumiers remués, principalement de moutons ou brebis, de boucs ou de chèvres (2).

---

(1) Et il est entendu qu'il faut que le pavé, ou plancher dessous, ayent assez de pente, pour que les urines puissent s'écouler facilement de dessous eux.

(2) Afin de persuader le public au sujet des dangers de cette méthode, je l'invite à faire attention à ce que plusieurs écrivains en ont déja dit ; et j'y ajouterai de moi-même le recit du fait suivant.

Je fus appelé il y a quelques années, par un homme de mon voisinage, pour aller soigner une de ses chèvres extrémement malade ; j'accourus dans l'écurie de cet homme, où il avait fait tout récemment, avec le fumier pris sous ses chèvres, un grand tas, et versé de l'eau bouillante dessus, pour donner plus de chaleur à son écurie ; je trouvai là la plus près du tas, cette chèvre à l'extrémité ; et toutes les autres ayant déjà des symptômes très-sensibles de maladies. La putréfaction de l'air, causée par ce tas de fumier qui fermentait, ne me laissa pas incertain sur la cause de la maladie des chèvres ; je fis connaître ma façon de penser à cet homme et à sa famille ; en leur conseillant de sortir à l'instant leurs chèvres qui pouvaient le faire, s'ils voulaient les sauver ; et en leur

c) Si l'air des écuries avait été infecté par quelque cause , je recommande d'aërer, et de purifier ensuite avec des parfums ; tels que grains et bois de genêvre , poudre à canon , etc. etc.

f) A étriller souvent les bestiaux.

g) A les laver ou baigner ; mais il ne faut pas en général que ce soit dans des circonstances critiques ; et en particulier, d'abord après le travail ; ou quand ils ont chaud ; ni bientôt après qu'ils ont pris leur nourriture ; et on ne doit pas les laisser au froid sans mouvement après cette opération.

Le second moyen que j'indique pour conserver la santé des bestiaux, est de leur donner une nourriture abondante et saine ; soit en alimens solides , soit en boissons. On pêche

recommandant de nétoyer leur écurie , avant que de les y remettre ; comme de ne plus retomber dans la même faute à l'avenir ; ils suivirent ce premier conseil, et les chèvres qui purent sortir , guérirent sans beaucoup de peine ; mais la plus malade périt au bout d'environ deux heures après que je fus arrivé ; et on lui trouva les chairs gangrenées , comme celles d'un animal , mort du lovàt ou du quartier.

contre cette règle, s'entend, en ne leur donnant pas assez à manger et à boire ; mais de plus, sous le rapport de la salubrité, en les mettant trop tôt dans les parcours, dans les paturages au printemps ; ou brouter les reguins tendres des prés en automne, si, quand on les a laissé coucher à l'écurie, on ne leur donne pas le matin, en nourriture sèche et de bonne qualité, au moins le quart, ou la sixième de la nourriture qui leur aurait été nécessaire pendant la journée, si on les avait nourris uniquement d'alimens secs (1).

On

---

(1) Dans le cas dont il s'agit, après que les bestiaux sont rentrés le soir à l'écurie, on peut leur donner de la nourriture sèche à discrétion, car alors on ne sait pas leur donner la juste mesure, aussi bien que quand ils n'ont pas été sortis, les bestiaux ayant pu manger dehors plus ou moins qu'on ne suppose ; mais quand les bestiaux ruminans ont mangé ce qu'ils veulent le soir, on doit leur ôter le reste, afin que si on veut les mettre paturer à l'herbe bien tendre, ils puissent manger suffisamment du fourrage sec le matin avant que de les sortir.

J'ai la conviction que la méthode suivie dans plusieurs pays de sortir le bétail sitôt au printemps, sans lui donner du fourrage sec, lorsque l'herbe n'a point encore de maturité, et tandis qu'il n'y a que des bourgeons sans consistance dans les forêts, est la cause de plusieurs ma-

On péche même contre cette règle , les her-
bages et les fourrages secs fussent-ils toujours
excellens , en faisant changer tout à coup de
nourriture les bestiaux , et passer du sec au
verd , ou du verd au sec, sans les accoutu-
mer insensiblement à l'un et à l'autre , au
printems et en automne. On péche contre
cette règle si on ne leur fournit en abondance de l'eau salubre , ayant soin de net-
toyer constamment les abreuvoirs de toute
impureté (1). On péche contre cette règle ,

----

ladies qui règnent dans ces pays ; comme pissement
de sang , diarrhées , etc. etc. ; et que l'habitude de mettre le bétail aux reguins tendres d'automne , surtout en
commun dans les confins , sans lui donner non plus du
fourrage sec le matin lorsqu'il a couché à l'écurie , a
été longtems dans mon pays la cause de ce gonflement
du bétail , qui en faisait crever fréquemment plusieurs
pièces , et dont on ne pouvait faire réchapper un grand
nombre d'autres qu'en les perçant ; mais aujourd'hui on
commence à adopter ma doctrine préservatrice , et à reconnaître que cette ancienne économie est fausse et ab-
surde , puisque ceux qui la suivent payent souvent de
leurs vaches quelque peu d'herbe qu'elles ont mangé de
plus en communauté , qu'elles n'auraient fait si on leur
avait donné du fourrage sec pour les préserver.

(1) Je suis bien persuadé , avec d'autres personnes qui

4

lors même que les herbes seraient dans leur maturité, en mettant les bestiaux dans des pâturages où il n'y en a que des mauvaises, ou même en les laissant trop longtemps dans de bons paturages, quand les bonnes herbes sont broutées, parce que outre le mal que la faim ieur fait directement, elle force alors les bestiaux de manger des choses nuisibles ; mais en liberté de choisir, ils sauront bien préférer ce qui leur convient dans les diverses circonstances, si leur goût et leurs habitudes n'out pas été dépravés par l'éducation.

A l'égard de la nourriture qu'on donne aux bestiaux à l'écurie, j'établirai, en général, qu'il faut qu'elle soit bien conditionuée, comme chacun devrait le comprendre (1) ; de

---

l'ont dit avant moi ; que la malpropreté où l'on tient les bestiaux dans les bâtimens, les fourrages marécageux et mal sains dont on les nourrit ; les eaux stagnantes, corrompues ou sâles dont on les abreuve, sont la cause de ces maladies contagieuses des bestiaux, qui font souvent dans quelques pays de si terribles ravages.

(1) Pour ce qui est des animaux nouveaux nés . veaux, chevreaux, etc. etc., qu'on ne laisse pas tetter leur mère,

l'eau pure et saine comme dans tout autre cas ; et je peux dire en particulier que la nourriture qui est rafraichissante convient le mieux aux tempérammens chauds , celle qui est échauffante aux froids , celle qui est sèche aux humides ; et que la nourriture qui est humide convient mieux aux tempérammens secs , dans

---

la seule nourriture qui leur convienne, c'est du premier lait pur de leur mère , ou si elle n'en avait pas , du lait d'une autre femelle qui eut mis bas tout récemment , lequel lait purge le méconium , et on doit donner ce lait à ces petit animaux , non pas à boire, mais avec un vase qui ait une tette de cuir ou de bois ; ensuite de la même manière, du lait pur sans eau , jusqu'à ce qu'ils mangent , et alors même il ne faut pas leur mêler l'eau avec leur lait , pour ne pas s'exposer à leur donner trop ou trop peu d'eau, mais il faut leur donner l'eau à sucer pure avec la tette , afin qu'ils n'en prennent que ce qui leur est nécessaire , ce qu ils sauront encore mieux faire si on leur donne l'eau à boire pure , pourvu qu'on ne les ait pas follement accoutumés à boire le lait pur , ou pis encore mêlé d'eau , car alors par cette habitude contre nature , l'instinct de la modération dans le boire les abandonne entièrement. En résumé , il faut , pour le mieux, donner le lait pur à sucer avec une tette, et l'eau à boire pure , comme la nature le fait et l'ordonne.

4 *

les espèces comme dans les individus ; cependant je ne saurais entrer ici dans tous les détails , parce qu'ils seraient en trop grand nombre , car il y a tant d'exceptions provenant de circonstances particulières ; de la température du climat , de la saison , de l'âge des animaux, etc. etc , qu'on ne pourrait donner de règle spéciale , claire , même pour beaucoup de gens qui soignent les bestiaux ; ensorte qu'il faut que chacun se dirige là dessus , selon ce que l'expérience lui fera connaître , d'après les explications générales que j'ai données , et l'analogie qu'on trouvera avec ce que je dirai ci-après.

J'ajouterai seulement que quelle que soit l'utilité bien reconnue sous plusieurs rapports de donner aux animaux non seulement à ceux qu'on engraisse , mais même aux autres, si l'on peut continuer, une nourriture artificielle , soit en fourrages , soit en légumes et plantes potagères , comme grains , pommes de terre, etc. , soit en boissons ; je désirerois cependant qu'on n'en donnât pas, surtout de ces dernières espèces , à ceux qui sont destinés à l'amélioration ou à la propagation ; si on veut les mettre dans des montagnes ou des étivages pendant l'été, et qu'on ne puisse pas continuer le régime artificiel ; parce que plus cette nourriture serait supérieure en qualité à la naturelle, plus cette privation aurait de fâcheuses suites ; vu qu'à fort peu d'exceptions près , au physique comme au moral , dans un état donné quelconque, on se trouve plus mal si l'on sort d'un meilleur état que d'un pire.

Le troisième moyen que j'ai à indiquer, pour conserver la santé des animaux, est de leur faire éviter tous les excès , soit dans le manger , soit dans le boire, soit de travail , soit d'inaction, soit d'échauffement , soit de refroidissemen'. Et voici mes conseils pour parvenir à ce but.

Le premier est de ne les laisser jamais avoir ni trop faim ni trop soif, s'il est possible ; car alors ils sont exposés à trop manger et à trop boire , si on leur donne tout-à-coup à manger et à boire à discrétion ; et il est encore une autre cause de satiété opposée, nuisible aussi, c'est de ne les laisser jamais avoir faim ni soif, en leur tenant toujours du manger et du boire devant eux , quand ils restent constamment à l'écurie, car il est quelquefois utile d'avoir faim , quelquefois soif jusqu'à un certain point , puisque cela est dans les lois de la nature, et ce n'est que l'excès qui est pernicieux (1).

On fait un mal quelquefois plus dangereux encore que les deux que je viens d'indiquer, lorsque les animaux sont déjà suffisamment

---

(1) Dira-t-on peut être que dans l'état naturel les animaux ont pourtant leur nourriture souvent avec profusion devant eux, et qu'ainsi cette règle n'est que dans mon imagination ?

Je réponds que cela n'est pas ordinaire au sujet de la boisson, puisque la nature ne leur présente de l'eau que dans certains endroits particuliers qui ne sont pas souvent trop rapprochés, et que le trop grand rapprochement n'a pas lieu même longtemps au sujet de l'herbe, puisque quand ils ont brouté ce qui les environne de près, leur nourriture se trouve ensuite de plus en plus éloignée, et qu'ainsi ils attendent qu'ils soyent un peu excités par la faim et la soif pour aller la chercher; au reste, c'est encore l'expérience particulière que j'en ai faite qui m'a prouvé le résultat nuisible de ce que je condamne ici, et que les vaches sont moins bonnes, quand elles ont trop dans les paturages, que quand il leur faut un certain temps et un certain soin pour se rassassier; comme j'ai vu aussi que les jeunes veaux ne croissaient pas si bien lorsque je leur tenais toujours un vase rempli d'eau, dans une crèche, à côté de celle où je mettais leur fourrage, que quand je les laissais avoir quelquefois une soif modérée, qui vraisemblablement favorise la chaleur nécessaire à l'accroissement.

remplis, en leur donnant de la nourriture plus savoureuse que celle qu'ils viennent de prendre; ou qui pis est encore quand on leur en donne de telle au bout de quelques heures après la première, avant que la digestion soit faite, s'ils ont mangé suffisamment ; et non seulement on peut faire cette faute à l'écurie, mais encore dans les paturages , en mettant les bestiaux dans un paturage frais lorsqu'ils sont toujours rassassiés , car dans l'un ou l'autre cas , les animaux se remplissent outre mesure, et il est rare qu'ils en réchappent sans de grâves accidens.

Pour éviter ces excès , je donnerai donc encore quelques directions qui seront plus ou moins nécessaires, selon que les animaux seront naturellement plus ou moins délicats , ou selon les diverses circonstances où ils se trouveront.

Au sujet des taureaux , bœufs ou vaches, boucs ou chèvres , moutons ou brebis , espèces de bestiaux qui se ressemblent , je conseille pour cela de diviser leur fourrage en trois portions à peu-près égales pour chaque repas, et de leur en donner deux avant la boisson et une après, en ne leur donnant pas à peu-près ce que j'indique avant la boisson et beaucoup plus après, ils auront trop soif; en leur dou-

nant beaucoup moins après la boisson , ils auront trop faim ; n'ayant pas pu manger assez
avant que de boire ; et c'est dans ce cas surtout que l'excès peut avoir facilement lieu
ensuite ; parce que l'aliment sec ne produisant
pas son effet aussi promptement sur l'estomac
avant que d'être trempé de liquide qu'après,
et ainsi n'otant pas la faim comme s'il était
trempé, l'animal qui aura trop faim en prendra plus qu'il ne faut , et ce gonflement subit
de cette grande quantité de nourriture sèche
surpassant les forces de l'estomac, peut le dis-
tendre et causer une indigestion (1).

---

(1) Il y a pourtant quelques cas où l'on peut retrancher
de cette dernière portion , après la boisson , une sixième
ou un quart au plus du repas dont j'ai parlé ; mais si
on ne donne aux bestiaux que ce qu'ils peuvent manger
de suite et facilement , ce partage par tiers est ce qu'il
y a de plus simple , et si on leur donne plus qu'ils ne
peuvent manger avant que de leur donner à boire , afin
qu'on soit sûr qu'ils ayent bien leur soul ; alors pour
que la dernière portion se trouve être le tiers du repas ,
on la fait de la même grandeur que l'une des deux autres ,
en mettant ou ne mettant pas ce qui reste pour la com-
poser , puis on retranche l'équivalent de la moitié de
ce qu'ils ont laissé.

Une autre chose à dire encore à ce sujet c'est que les bestiaux que l'on n'abreuve que deux fois le jour, matin et soir, étant toujours plus disposés à faire excès de boisson le soir que le matin, il faut leur donner dans le repas du matin la nourriture sèche la plus échauffante avant la boisson, et la moins échauffante ou altérante après la boisson, et le soir faire le contraire, excepté de ne pas donner le reguin après la boisson ; cela afin qu'ils boivent également.

Ou bien leur donner un peu à boire à l'écurie le soir après la première portion de fourrage avant que de les sortir pour les abreuver complètement, mais pas le matin en deux fois.

Et pour plus de sûreté encore dans les cas critiques, comme celui des femelles à l'époque où elles mettent bas ; il faut leur donner une boisson peu froide et à plusieurs reprises ; savoir, le matin après la première portion de foin ; après la seconde, et même après la troi-

---

Quelquefois cependant, ce calcul pourrait n'être pas juste ; il faut vérifier pour le cas où l'on se trouve.

sième, afin qu'elles n'ayent pas trop soif le soir, au lieu que le soir on réserve une partie de la dernière portion de foin, pour la leur donner après la dernière boisson, afin qu'elles boivent bien le matin.

Quand on donne à boire deux fois par repas, on ajoute quelque chose à la ration, ou aux rations de fourrage, entre les deux rations d'eau, et l'on retranche de la dernière portion de fourrage, l'équivalent de ce que l'on avait ajouté auparavant.

Et si ces femelles qui auraient mis bas récemment, étaient tellement altérées, qu'il y eut à craindre qu'elles fissent excès de boisson en en prenant que matin et soir, on devrait alors leur en donner dans l'intervalle, en retranchant sur les rations d'eau du matin et du soir (1); mais je n'ai pas observé qu'il soit

––––––––––––––

(1) Je sais qu'il y a des pays où ces précautions, pour préserver les bestiaux des excès de boissons, seront souvent superflues, parce que les fourrages n'y sont pas échauffans ou altérans; mais comme j'écris pour tous les pays, il suffit qu'il y en ait quelques uns comme le mien, où elles soyent nécessaires pour que je doive en parler; et dans les lieux où cette soif et fièvre de lait

nécessaire pour les animaux bien constitués, qui ne mangent que des fourrages secs , de leur donner à manger plus souvent que matin et soir lorsqu'ils ne travaillent pas , cela serait même funeste si ce qu'on ajouterait dans l'intervalle n'avait pas été retranché du repas précédent , car ainsi on les exposerait à l'excès le plus dangereux, qui a lieu, comme j'ai dit, en mangeant de nouveau avant que les premiers alimens soyent digérés , si ces alimens ont été pris en abondance et que les animaux en ayent été rassassiés (1).

sont à craindre , il faut pour les prévenir , donner , et déjà d'avance , des fourrages maigres et fenés bien murs.

(1) Quoique je sois contraint d'abréger ces détails , il me semble que pour justifier cette assertion, je ne puis pas me dispenser de citer un événement, entre plusieurs autres , dont je fus témoin à l'âge d'environ dix ans.

Une famille de mon village possédait , au printemps de l'année , une vache qui avait récemment vêlé. Le fils ainé de la famille , âgé d'environ vingt ans , soignait cette vache, qui se portait bien ; cependant le père du jeune homme , vieillard presque septuagenaire , grondait souvent son fils de ce qu'il ne donnait pas assez, à son gré, à manger à la vache ; celui-ci avait beau assurer à son père qu'il lui donnait assez, le père ne

Mais pour les bestiaux que l'on nourrit uniquement de fourrages verds, il est nécessaire de leur donner trois repas par jour, parce que la digestion du verd est plus prompte ; on doit aussi donner plus de deux et même quelquefois de trois repas, à ceux qui mangent une nourriture de plus facile digestion que les fourrages ; mais quand on donne à des bestiaux plusieurs repas dans la journée, il faut que ceux qui se composent de la nourriture la plus solide, et de plus difficile digestion, soyent donnés au milieu du jour.

---

le croyait pas ; ensorte qu'un jour que le fils était absent, le père pensant faire mieux, alla environ à midi, donner de nouveau à la dite vache à manger et à boire avant que ce qu'elle avait eu le matin, et en assez grande quantité, fut digéré. La vache mangea et but, mais au bout de deux heures après, on s'apperçut qu'elle était atteinte d'une indigestion et d'une constipation très-graves, et elles furent graves à tel point, que malgré tous les secours qu'on se hâta de prodiguer à cette vache, le mal empira rapidement, et la vache périt le soir du même jour, car on ne lui donna le premier coup d'assommoir qu'après qu'elle fut morte.

J'ai été depuis, fréquemment témoin de plusieurs cas semblables, excepté que les effets de l'excès, de l'indigestion et de la constipation n'étaient pas si prompts.

Une conséquence qui se tire donc, de ce que je viens de dire, au sujet des excès qu'on fait faire aux animaux dans le manger, c'est qu'à ceux à qui on donne des graines ou plantes potagéres, il faut les leur donner avant la dernière ration de fourrage, et quand ils ne sont pas encore assez rassasiés ; parce qu'en leur donnant seulement la dernière, cette nourriture plus exquise, ils seraient exposés à manger plus qu'il ne faut.

Et un autre conseil qui rentre dans la classe des préservatifs d'excès dans le boire, regarde les nourritures qui contiennent beaucoup d'humidité ; comme herbes tendres, pommes de terre crues, et mêmes cuites, râves, etc etc., il faut les donner aux bestiaux avant la boisson, si on leur a donné du fourrage sec premièrement ; parce que, après ces nourritures humides, qui désaltèrent déjà un peu, ils ne boivent que ce qui est nécessaire ; au lieu qu'en leur donnant la boisson immédiatement après la nourriture sèche, ils boivent selon la soif que cette nourriture sèche leur aura causée, sans compter d'avance sur l'humidité que la dernière nourriture leur apportera ; et ainsi donc quand ils l'ont prise, ils se trouvent trop remplis d'humidité ; ce qui leur occasionne souveut plusieurs maux bien graves.

Quant aux animaux ruminans, bœufs, vaches, etc., les inconvéniens de la faim, comme ceux résultant d'être trop remplis de nourriture, leurs seraient encore le plus nuisibles quand ils travaillent; et comme ils auraient alors le plus facilement lieu, il ne faut pas leur donner autant de nourriture le matin, quand on veut les faire travailler, que s'ils devaient rester tranquilles à l'écurie; mais alors on doit leur donner pendant la journée, l'équivalent de ce qu'on a retranché le matin; en observant toujours, bien entendu, ce qui a été dit au sujet de la salubrité de la nourriture, et des excès; comme ce qui sera dit ci-après, à l'égard de l'échauffement et du refroidissement.

Ayant, je pense, traité suffisamment des excès dans le trop de nourriture, je dois parler de l'excès dans le trop peu; ou de la disette; il faut, je l'ai dit, en préserver les bestiaux si l'on peut; mais comme cela n'est pas toujours possible, on doit, lorsqu'on y est exposé en hiver, distribuer aux bestiaux comme suit, la nourriture qu'on peut leur donner :

1°. Une portion à manger le matin, mais point à boire, s'ils ne peuvent pas boire deux fois par jour.

2°. Une portion à manger au milieu du jour égale à celle du matin, puis il faut les abreuver ; ensuite leur donner après la boisson, l'équivalent de la moitié de l'une des portions susdites.

3°. On doit le soir, donner une troisième portion à manger, comme celle du matin, ou la première du milieu du jour, mais point à boire, si les bestiaux ne peuvent boire qu'une fois par jour.

De cette manière on les préservera mieux du tourment de la faim, et des maux qu'elle cause ensuite, qu'en ne leur donnant à manger que deux fois par journée ; parce qu'en ne leur donnant que deux fois, et un peu plus à la fois, l'estomac serait vide plus longtemps ; la digestion étant presque aussi vite faite ; et on les préserve mieux du refroidissement quand on ne les abreuve qu'une fois par jour, en les abreuvant au milieu du jour, qui est le moment le plus chaud, qu'en les abreuvant le matin ou le soir.

Quant aux chevaux, mulets et ânes, je pense que presque tout ce que j'ai établi plus haut, et que je dirai ci-après au sujet des autres animaux, leur est applicable ; seulement je crois devoir dire en particulier, que comme ces animaux mangent plus lentement que ceux qui ruminent, il n'y a aucun inconvénient, mais qu'il est même nécessaire de leur laisser presque continuellement de la nourriture devant eux, dans les heures du repos, aux époques du travail ; soit pendant le jour, soit pendant la nuit ; ayant soin de les abreuver assez souvent pour ne pas les exposer à des excès de boissons ; et toujours en suivant d'ailleurs les précautions générales que j'ai indiquées, comme celles que je vais indiquer encore.

Parlons maintenant des excès d'inaction et de travail, comme de tous les autres moyens d'éviter l'échauffement et le refroidissement.

Le besoin de mouvement, soit d'exercice et de travail, est un besoin que la nature a donné à tous les animaux, pour fortifier leur chaleur naturelle, comme tous leurs organes ; et dès là pour pouvoir acquérir et conserver toute la santé et toutes les facultés dont ils sont susceptibles ; ensorte que l'inaction trop prolongée leur est à tous funeste ;

funeste ; (1) mais il y a des espèces et des individus dans chaque espèce, à qui il faut

---

(1) Je sais cependant qu'il y a un grand nombre de maladies où un repos total est indispensable, tandis que la maladie subsiste ; mais comme mon plan n'est pas de traiter ici des maladies des bestiaux, ni des moyens de les guérir, mais seulement de préserver les bestiaux de maladies autant que possible, je n'ai rien à changer à mon allégation ; car sitôt que la maladie est terminée, et qu'il ne reste que de la faiblesse dans la convalescence, il faut alors indispensablement du mouvement plus ou moins, pour rétablir les forces.

Mais je m'attends que quelques personnes, d'entre celles qui font métier d'engraisser des bestiaux, seront d'abord surprises de mes conseils ; ils me diront que l'expérience prouve que les bestiaux engraissent mieux quand on les laisse dans une inaction complète aux écuries, que quand on leur donne le plus petit mouvement ; qu'ainsi à en juger par analogie, comme l'on est souvent obligé de le faire, je peux avoir souvent tort de tant recommander le mouvement.

J'avoue qu'il faut moins de mouvement, et que ce peu est moins nécessaire à un animal en bonne santé qu'on veut engraisser, que pour ceux qui sont jeunes et n'ont pas fait leur accroissement ; que pour ceux qui donnent du lait ; que pour ceux à qui l'on veut conserver les forces pour le travail ; ou que pour ceux surtout que l'on destine à la propagation, ou au perfectionnement de l'espèce ; et je conviens que pour enplus de travail et de mouvement qu'à d'autres, comme l'inaction ne leur est pas à tous également nuisibles ; l'état de ceux-là de-

---

graisser on ne s'appercevra pas des avantages du mouvement sur l'inaction dans les premières semaines ; mais je dis qu'il ne faut pas attribuer au repos total l'engraissement plus prompt des bestiaux qui sont dans l'inaction, que de ceux qu'on abreuve dehors, mais qu'il faut l'attribuer en hiver à l'eau plus douce qu'on leur donne ; car j'atteste, d'après mon expérience, que quand on donne aux bestiaux de l'eau bien froide en hiver dans l'écurie, ils engraissent bien moins, toutes choses d'ailleurs égales, que quand on les sort pour les abreuver ; j'atteste deplus que mes bestiaux que je promenais doucement tous les jours un certain bout de chemin, en leur donnant de la même nourriture et de la même eau tempérée dans l'écurie avant que de les sortir, engraissaient mieux encore que ceux qui restaient bien longtemps à l'écurie sans mouvement ; parce que quoique, d'un côté, il y eut peut-être un peu plus de dissipation, ce petit inconvénient était plus que compensé par l'avantage qu'ils en retiraient, d'avoir les forces de leurs organes mieux conservées. Mais voici en quoi consiste principalement l'utilité d'un mouvement léger continué, même pour les bestiaux à l'engrais, c'est que dans le cas où on leur a donné du mouvement, ils ne s'échauffent, ne se fatiguent pas, et ne font pas un grand déchet lorsqu'on les remue pour les changer d'écurie, qu'on les mène à des foires, ou qu'on leur fait

mande quelquefois le vol ; l'état de ceux-ci demande quelquefois la course, tandis qu'il n'est nécessaire à quelques-uns que de pouvoir aller vite, à d'autres que lentement ;

---

faire de longues routes pour arriver aux boucheries auxquelles ils sont destinés ; tandis que ceux qui ont été dans une complète inaction, bondissant d'abord davantage, et par là, et sans cela même étant incomparablement plus facilement fatigués par ce mouvement qui leur est alors étranger, font ensuite de la fatigue et de l'échauffement qu'ils éprouvent des déchets épouvantables.

Que s'il restait encore quelques craintes qu'un mouvement modéré pût empêcher les bestiaux d'engraisser, je pourrais citer, pour rassurer les personnes qui éprouveraient ces craintes, l'exemple de plusieurs bœufs et vaches qui ont très-bien engraissé dans des pâturages, quoiqu'ils eussent un peu de mouvement ; comme je citerais également l'expérience de moutons et brebis, boucs et chèvres, qui engraissent beaucoup mieux dans les pâturages qui leur conviennent, en prenant le mouvement qui leur plait, qu'à l'écurie dans l'inaction, si on ne leur donne point de nourriture artificielle plus succulente que les nourritures naturelles.

L'espèce d'animaux domestiques qui aurait le plus facilement trop de mouvement pour engraisser, c'est l'espèce des porcs, parce que c'est à cette espèce qu'il faut le moins de mouvement pour en avoir assez, dans tous les cas.

et tandis enfin que quelques espèces n'ont besoin que de ramper.

Or, dans l'état de liberté naturelle, tous savent prendre le mouvement et le repos qui leur conviennent, en suivant l'instinct qui leur a été donné ; comme ils savent choisir leur nourriture, et comme ils savent ne pas en prendre plus qu'il ne faut ; mais quand ils sont sous la direction immédiate de l'homme, ils ne peuvent pas toujours suivre leur instinct, et même quelquefois quand ils pourraient suivre cet instinct, ils l'abandonnent en partie, pour obéir aux habitudes qu'on leur a fait contracter ; que l'homme, ainsi qu'on l'a déja dit, ne leur en donne donc pas de contre nature.

Mais si l'inaction produit quelquefois de grands maux, en diminuant la force du sang et en affaiblissant l'action de tous les organes, le trop grand échauffement a aussi ses dangers, ainsi l'on doit chercher un juste milieu.

Pour faire éviter l'échauffement et les maux qu'il occasionne, aux animaux qui travaillent ou qui prennent beaucoup de mouvement, il faut :

1°. Ne pas les faire travailler à l'excès ;

2°. Ne pas leur donner de la nourriture échauffante , avant et pendant le travail ;

3°. Ne pas les laisser avoir trop soif ;

4°. Pour ceux qui sont dans les pâturages , ne pas les y laisser exposés trop long-temps à l'ardeur du soleil , pendant les grandes chaleurs, si l'on peut les mettre chômer à l'ombre ;

5°. Ne pas mettre reposer dans un lieu chaud pendant le jour, ni même pendant la nuit, ceux qui prennent beaucoup de mouvement , soit ceux qui travaillent, soit ceux qui sont une partie du temps sur les pâturages , car une écurie , où il y aurait le degré de chaleur nécessaire à ceux qui sont dans l'inaction , serait trop chaude pour ceux qui prennent beaucoup de mouvement, et ils y seraient d'abord échauffés à l'excès, ce qui les rendrait d'autant plus sensibles au froid , quand on les y jetterait ensuite de nouveau ; dès-là, coup sur coup , les maux qui résultent de ces deux extrêmes, l'échauffement et le ré-froidissement ; mais il faut toujours avoir une écurie à part pour ceux qui prennent beaucoup de mouvement, surtout

pendant l'été ; et pour qu'il y ait la fraîcheur nécessaire dans leur écurie, on
doit laisser ouvert selon le besoin, ayant
soin, pour qu'il n'y ait pas de courans
d'air, que les ouvertures soient toutes
du même côté; le mieux est souvent qu'il
n'y ait point de plancher dessus en été
dans l'écurie, mais uniquement le toit,
soit pendant le jour, soit pendant la nuit,
pour que les bestiaux soient seulement
à l'ombre et à couvert.

Pour faire éviter d'abord le réfroidissement
aux animaux qui travaillent et ensuite les diverses maladies, souvent inflammatoires, dont
ce réfroidissement est suivi, on doit les abreuver avant le travail, et non immédiatement
après, si l'on veut les laisser aussitôt reposer;
mais quand ils ont travaillé, il faut attendre qu'ils aient un peu mangé, et que la chaleur soit plus modérée, alors on peut les
abreuver et retourner au travail bientôt après.
S'ils n'avaient pas eu chaud et qu'on ne craignit
pas un réfroidissement, il serait bon de suspendre un peu dès qu'ils sont repus, avant
que de reprendre le travail.

Quant aux bestiaux qui sont dans les pâturages, on doit prendre à leur égard les mêmes précautions ; il faut les mettre à l'abri, si l'on peut, pendant les très-mauvais temps, ou du moins si l'on ne peut pas, on doit leur donner plus de mouvement qu'à l'ordinaire, surtout aussitôt après qu'ils ont été abreuvés ; et pour prévenir que pendant la nuit ils ne se reposent trop tôt après avoir bu, il faut faire ensorte que le soir ils boivent un peu de bonne heure, afin qu'ils puissent depuis la boisson prise, paître, et prendre encore assez de mouvement avant le repos.

Il ne faut pas laisser dans un endroit bien froid au-dehors, principalement ceux qui ont eu bien chaud, et ceux qui n'auraient point pris de mouvement, mais ceux qui ont pris un mouvement léger pendant toute la journée, sans s'être échauffés à l'excès, résistent le mieux ; et résistent bien, s'ils n'ont pas bu froid peu de temps avant que de se reposer ; et plus les bestiaux auront eu chaud, plus cette précaution de ne pas les laisser au froid est nécessaire, surtout s'ils avaient bu froid en même temps, mais il ne faut pas encore mettre ces animaux dans un endroit aussi chaud que ceux qui n'ont point eu de mouvement.

Et s'il y en a qui aient besoin de rester

plus d'une nuit à l'écurie, comme des vaches qui auraient récemment vêlé, ou d'autres qui seraient en rut, ou quelqu'une à qui il serait arrivé quelqu'accident, il faut alors les mettre dans un endroit plus chaud, dans une petite écurie faite exprès si on l'a, et si on ne l'a pas, au moins dans le lieu le plus tempéré.

Pour ce qui est des bestiaux qui restent tranquilles aux écuries, on peut aussi trop les échauffer, en les tenant dans un lieu trop chaud, ou en leur donnant des nourritures trop échauffantes; mais on les échauffera d'autant moins facilement qu'ils sont plus tranquilles et depuis plus longtemps; ou, ce qui revient au même, il leur faut un degré de chaleur, en proportion de leur inaction, plus fort qu'à ceux qui ont travaillé ou été en mouvement; car on réfroidirait ceux qui sont dans l'inaction si on les tenait dans une écurie où il n'y eût que le degré de chaleur qui convient aux autres; et quoiqu'il faille aérer les écuries tous les jours deux fois, matin et soir, surtout quand il fait chaud, pour en renouveler l'air, on doit cependant prendre garde de ne pas non plus laisser longtemps cette classe d'animaux dans des courans d'air, principalement quand il fait froid , surtout dans les cas critiques , comme à l'époque où les femelles mettent bas , ou lorsqu'ils seraient en sueur , et après qu'ils auraient bu froid , avant que la boisson soit réchauffée ; mauvais traitemens trop communs , qui en arrêtant ou dérangeant la transpiration , causent des maux très-nombreux , tels que coliques , diarrhées , rhumatismes , inflammation de pis , inflammation de cerveau , etc. etc ; mais afin de conserver la chaleur ou la fraicheur nécessaires dans une écurie , pendant le jour ou la nuit , pour les bêtes dans l'état de tranquillité , on pratique un trou dans le coin le plus éloigné des bêtes les plus délicates , en telle sorte que l'on puisse agrandir ou resserrer ce trou selon le besoin , et ce trou doit être en dessus plutôt qu'à côté pour éviter les influences des vents , comme les variations qu'ils pourraient occasionner.

Et quand on veut remuer les bestiaux d'une écurie ou d'un domaine à un autre, soit leur faire faire une course quelconque, il est très-nécessaire de disposer les choses de manière à pouvoir les faire boire avant que de partir, et ne jamais les laisser boire en arrivant où on les conduit , surtout si c'est une écurie froide ou ils doivent reposer tranquillement ; mais pour que ceci soit d'accord avec ce que j'ai dit plus haut, relativement aux moyens de prévenir les excès ; si le départ ne doit avoir lieu qu'au milieu du jour, et qu'on veuille leur donner à manger et à boire à ce moment, il faut leur retrancher le matin sur ce qu'on avait accoutumé de leur donner, l'équivalent de ce qu'on se propose de leur laisser manger et boire avant leur départ.

J'ajouterai que pour préserver de tout re-froidissement les animaux que l'on garde à l'écurie, dans une inaction complète en hiver, on ne doit jamais leur donner leur boisson entièrement froide, non plus qu'à ceux que l'on engraisse en hiver, qu'on les sorte ou pas ; mais il faut tenir cette boisson d'avance dans une cuve, à l'écurie, afin qu'elle se tem-père ; pour bien faire à cet égard, il faut avoir deux cuves, ou deux vases, que l'on doit changer fréquemment, au moins toutes les semaines ; premièrement afin de conserver mieux ces vases, et en second lieu, pour que l'eau n'y prenne pas mauvais goût et mau-vaise qualité.

Et non seulement, il est nécessaire pour les bestiaux qui sont dans une complète inaction d'être abreuvés en hiver avec de l'eau douce , comme pour ceux qu'on engraisse , mais il l'est encore dans des cas particuliers pour d'autres qui prennent du mouvement ; savoir, pour les femelles à l'époque où elles doivent mettre bas , et cela quelques jours d'avance s'il fait bien froid , pour disposer les vidanges ou lochies à se faire mieux, quoique pour ce dernier cas, peu de personnes se doutent de toute l'utilité de ce moyen (1).

____

(1) Je suis convaincu que l'eau extrêmement froide , que les vaches boivent dans nos montagnes en temps d'hiver , à l'époque du vêlage, resserre ces impuretés qui doivent sortir du corps des vaches , après la mise à bas de la portée , et empêche souvent cette évacuation en tout ou en partie ; et que l'eau douce qu'on leur donne, favorise la maturité de ces matières , et leur évacuation ; je suis convaincu de plus avec quelques personnes , que ces mêmes matières qui doivent s'évacuer , occasionnent quand cela n'a pas lieu comme il faut, de grâves accidens aux vaches ; que lorsqu'il en reste beaucoup , cette cause peut les empêcher de concevoir , et les faire devenir taurelières ; mais ce que personne n'a soupçonné que d'après moi, que je sache, c'est que lors même qu'il ne reste pas assez de ces impuretés dans le corps des vaches pour les rendre malades , ou les empêcher de concevoir de nouveau ; il peut en rester assez pour em-

De plus , pour favoriser ces vidanges , prévenir les tranchées et les ventosités , il est

poisonner le tempéramment du petit , qui est conçu dans
ce lieu souillé ; et le disposer à prendre plus ou moins
facilement dans la suite, le quartier; c'est à-dire , la plus
prompte , la plus brûlante , et la plus redoutable des maladies qui attaquent le gros bétail à cornes dans nos mon.
tagnes ; maladie que les médecins n'ont pas sçu prévenir
jusqu'à présent , n'en ayant pas connu la cause ; de ce dont
même quelques-uns d'entr'eux se sont plaints. Je ne prétends pas qu'on ne put donner cette maladie à un animal
né naturellement sain, en le mettant dans un air infecté
de contagion , ou en lui donnant une nourriture malsaine
ou empoisonnée ; mais j'estime et je crois en avoir assez
de preuves de fait, que tout individu de bestiaux , prendra
cette maladie , plus ou moins facilement ou difficilement,
selon les humeurs plus ou moins salubres , qu'il a reçues
de ses père et mère ; et que les individus qui prennent
déjà le quartier étant jeunes, sans cause apparente , sont
ceux qui y ont le plus de disposition innée , comme aussi
ce sont les plus incurables.

Voici comment je suis parvenu à me convaincre, que
la cause du quartier , est celle dont j'ai fait mention.

N'étant nullement satisfait de l'opinion commune sur
les causes légères , auxquelles on attribue toujours le
quartier , un refroidissement , une transpiration arrêtée ,
la force des herbes du printemps ; parce que ces causes
ne me paraissaient pas en rapport avec ce terrible effet;

bon de donner aux vaches et autres femelles
de bestiaux, aussitôt après qu'elles ont mis

---

et vu même que l'animal n'a pas toujours été exposé à
ces causes, lorsqu'il prend cette maladie ; qu'au contraire
elle attaque quelquefois l'animal qui a été le mieux soi-
gné ; déjà quelquefois de jeunes veaux non sevrés, et
persuadé que tout effet doit avoir sa cause analogue, apparente ou cachée ; comme celle-ci ne se présentait pas
d'abord aussi facilement que les autres, je résolus de
sonder un peu plus avant pour la découvrir ; et bientôt
quelques indices m'ayant fait soupçonner qu'elle pouvait
avoir sa source dans le tempéramment, je cherchai pour
m'assurer de la chose, à connaître l'origine des individus
qui, à ma connaissance, avaient péri du quartier ; et je
trouvai 1°. d'après les explications qu'on me donna, que
la première genisse qui était périe de cette maladie, d'entre celles qui appartenaient à mon père, lorsque je n'avais
encore que trois ans, était née d'une vache qui tombait
toujours en langueur après avoir vêlé, et qui ne se réta-
blissait que lorsqu'elle avait été quelque temps dans les
pâturages ; après quoi elle redevenait capable de concevoir de nouveau ; j'appris de plus, que quelques veaux
de cette même vache, presque tous femelles, n'avaient
pas même pu être élevés, périssant tous très-jeunes, à
cause de leur mauvaise constitution ; qu'enfin le dernier
avait encore péri du quartier à l'âge d'un an, quoique
la mère parut être beaucoup plus saine que précédemment.

bas , et avant la première boisson , un morceau
de pain et du beurre , avec une partie duquel

2°. Je trouvai qu'un bœuf à mon pére qui avait péri
du quartier, à l'âge d'environ un an, lorsque j'étais jeune
encore, était né d'une vache qui avait rejeté longtemps
des impuretés utérines après avoir vêlé, retenu difficilement, et qui vraisemblablement avait conçu même avant
que d'être assez purifiée ; que de plus, l'année après,
cette même vache avait fait un veau qui périt huit jours
après sa naissance, d'une maladie semblable au quartier.

3°. Je trouvai qu'un de mes bœufs, qui avait péri du
quartier dans mon écurie, à l'âge de neuf mois, était
né d'une vache, qui ayant eu un refroidissement l'année
précédente, l'avait empêchée de se bien nétoyer des
vidanges de sa portée, avant que de concevoir de nouveau.

4°. Je trouvai qu'une genisse, appartenant à l'un de
mes voisins, périe du quartier à l'âge d'environ dix mois ,
avait été conçue par une vache qui avait rejeté longtemps
des ordures ; et même quèlques jours avant l'accouplement ; ce que je me rappelai moi-même, y ayant donné
une attention particulière ; vu que je cherchais déjà alors,
à m'instruire sur la cause du quartier.

5°. Une autre genisse d'un an, ayant péri du quartier
dans mon voisinage, je demandai au propriétaire, parce
que je le connaissais être intelligent, s'il ne pourrait point
se rappeler que la mère de cette genisse eut eu une indisposition après le vêlage qui précédait la conception de

beurre on pétrit un peu de racine d'angelique coupé menu , ou si on le préfère on peut leur

---

la genisse ; cet homme me répondit , que la dite année , aussitôt après avoir vêlé , cette vache avait eu un refroidissement léger qui empêchait son lait de donner de l'écume ; je lui communiquai alors mes idées , sur la cause du quartier ; idées qu'il ne parut pouvoir adopter facilement.

Je pourrais sans doute multiplier les citations d'exemples , si les paysans qui ont eu quelques bêtes péries du quartier , pouvaient se rappeler de l'état de leurs vaches , avant qu'elles eussent conçu ces bêtes ; mais c'est ce qui n'arrive pas fréquemment.

Croyant néanmoins en avoir assez pour me convaincre à cet égard ; et sachant qu'un de mes voisins avait une vache mal-saine , dont un des veaux avait déjà péri du quartier à l'âge de deux ans , et connaissant qu'il se proposait avant la naissance d'un autre veau, de l'élever s'il était femelle ; je m'avisai de l'en décourager , en lui disant que cet animal serait à mon avis exposé à périr du quartier plutôt qu'un autre, et qu'ainsi il courait le risque d'une perte vraisemblable en l'élevant , et d'autant plus grande que le veau approcherait plus du moment d'être élevé. Comme l'idée était nouvelle , chacun n'était pas disposé à l'adopter sitôt ; si pour l'intérêt de cet homme, l'événement ne fut venu me justifier plutôt même que je ne l'attendais ; mais ce veau ne put vivre qu'une semaine , et on lui trouva le sang et les chairs noirs et brûlés, comme à un animal qui a péri du quartier.

donner en place de beurre quelques œufs frais.

On désaltère peu à peu d'abord , en ne donnant que de petites doses de boisson à la fois, d'eau douce ou peu froide, que l'on continue encore pendant quelques jours pour éviter des refroidissemens subits , et les maladies qu'ils occasionnent.

Cependant quoiqu'il soit nécessaire , comme je viens de l'expliquer , de donner de l'eau peu froide aux bestiaux femelles , quelques jours avant la mise à bas de la portée , et quelques jours après , même à celles que l'on avait sorti pour les abreuver , ainsi qu'en hiver à tous ceux qui sont dans une complète inaction ; il est dangereux aussi de leur donner de l'eau tiède , surtout longtemps , parce que cette boisson relâchante affaiblit le ressort des fibres ,

---

Si je me suis beaucoup plus étendu sur la cause de cette maladie , que sur celle d'aucune autre , c'est que je crois les causes des autres maladies plus simples , et presque toutes connues de plusieurs personnes ; au lieu que celle-ci, on l'a déjà jugée plus difficile, et je regarde mon opinion à cet égard comme nouvelle ; c'est pourquoi il convenait de l'appuyer un peu solidement.

fibres , ensorte que quand l'animal dans ce cas boit de nouveau froid , son estomac n'étant pas capable de la réaction nécessaire , est pénétré d'un refroidissement, qui lui coagulant les humeurs, occasionne une indisposition très-grave ; indisposition qui entr'autres inconvénients , si l'animal est femelle , empêche le lait de descendre dans les tettes lorsqu'on veut traire , et cette maladie est l'une de celles dont la guérison se fait le plus lentement (1).

Je m'explique aussi davantage à son sujet, parce qu'elle est peu connue, et que j'en ai découvert moi-même , et la cause et l'effet.

Il faut donc toujours de l'eau un peu froide sans l'être à l'excès. On s'assure du degré de froideur de l'eau, en y plongeant la main , et on ajoute de la plus froide ou de la plus chaude , selon qu'on le juge à propos.

L'eau pure qui a été chauffée sur le feu n'est pas si bonne que celle qui l'a été à l'écurie , et il ne faut jamais se servir de la première

______

(1) Maladie que l'ignorance et la superstition , ont souvent regardé , et regardent encore quelquefois , comme l'effet d'une sorcellerie,

que quand on y est contraint, et le moins
longtemps que possible.

Il est très-utile, comme celà est déjà généralement reconnu, de donner du sel aux animaux dans tous leurs repas ; mais j'avertis
qu'on doit le donner avec modération , car
cet excès est funeste comme tout autre ; et il
faut quand on le donne pur, que le sel soit
humecté et frais , bien loin d'être chaud et
desséché ; surtout quand l'animal est nourri
de fourrages secs ; il est bon aussi de mêler
le sel avec du son , ou autres choses pareilles ,
pour tempérer son acrimonie.

Enfin je rappelle encore, que plus les animaux sont dans des circonstances critiques ,
et plus ils sont naturellement délicats, plus
les soins que je viens d'indiquer sont nécessaires ; mais que ceux qui ont la santé la plus
forte , peuvent incomparablement plus facilement s'en passer.

CHAPITRE III.

Coup-d'œil sur ce qui vient d'être dit, dans les deux chapitres précédens.

———

AFIN de traiter convenablement la matière que j'ai entreprise, je crois devoir m'arrêter ici un instant, pour faire quelques réflexions sur ce qu'on a parcouru, à l'effet de retrouver quelques idées importantes qui m'ont échappé, ou que je n'ai pu atteindre; comme on retrouve quelques fruits sur un arbre, après la première cueillette, ou quelques épis dans un champ, après qu'on l'a moissonné.

J'ai prétendu, et je continue à prétendre, que le même individu peut réunir dans un degré supérieur, si les causes de ses effets se sont trouvées réunies.

1°. La grandeur,

2°. La force,

3°. La beauté,

4°. L'embonpoint.

5°. Dans les femelles, la faculté de donner beaucoup de lait.

6 *

6°. Dans les deux sexes , la santé solide.

7°. La puissance de communiquer ces qualités à leurs descendans.

Je prétends de plus, ai-je dit encore, que par cette réunion , chacune de ces qualités n'en devient que plus parfaite , surtout par la santé solide , sans laquelle aucune autre ne saurait subsister longtemps.

Or on comprend que ce concert de toutes ces causes , n'arrivera que rarement par hazard, déjà pour un individu dans une génération quelconque, et jamais par hazard, de génération en génération.

Je sais aussi que quelques unes de ces qualités peuvent exister isolées , quand quelques unes des causes indiquées , ont agi séparément.

1°. La grandeur seule des corps, paraît procéder de la grande chaleur des père ou mère, qui produit plus de matière, ou donne plus d'extension à cette matière ; chaleur d'âge ou de quelques circonstances particulières; ou bien cette grande taille paraît provenir quelquefois d'une matière trop susceptible d'extension , et dépourvue du ressort nécessaire ; car, si comme il paraît, tout est relatif dans la nature, lorsque la grandeur n'est pas assez considérable pour les autres facultés, une partie de ces facultés restera sans doute oisive ; ou si par le défaut de force résistante de la matière, elle reçoit trop d'extension, en raison des autres facultés, il n'y a alors que faiblesse dans l'individu ; et cette grande taille ne devient plus qu'un fardeau ; comme en effet on voit quelquefois les plus grandes tailles, n'avoir que les tempérammens les plus vicieux.

Mais la grandeur, quand elle a tous les rapports convenables, et qu'elle est revêtue de toutes les qualités requises, donne à ces qualités, une place, où elles peuvent se développer, s'étendre, et prospérer plus avantageusement.

2° La grandeur, et la force musculaire réunies dans un individu, ou la force musculaire seulement, paraissent procéder particulièrement du moment de la plus grande force de l'âge des père et mère, vu qu'alors toutes les puissances du tempérammment sont le mieux en équilibre.

3°. La beauté des formes du corps, paraît procéder du père plus que de la mère ; cependant l'on ne saurait nier, que la mère n'y contribue considérablement.

4°. L'embonpoint supérieur d'un individu, ou disposition extraordinaire à l'engrais, provient particulierement de l'embonpoint, et de la bonne disposition de la mère au premier moment où son accroissement est accompli ; surtout si elle avait eu un repos génératif par la vacuïté, dans ce meilleur moment de son âge ; ou même si elle avait eu ce repos dans une autre époque, avant la conception du petit ; toutefois cet embonpoint du petit, ne peut avoir lieu, qu'autant que la contribution donnée par le père en est susceptibte.

5°. La faculté de donner beaucoup de lait, dans un individu femelle, provient de trois causes principales.

a) De l'embonpoint, c'est-à-dire, de cette faculté qui garde surabondamment une nourriture superflue pour l'accroissement, ou la réparation du corps ; car les individus, mâles et femelles, ne peuvent engraisser plus ou moins, et les femelles donner plus ou moins de lait sans s'épuiser, qu'autant qu'ils ont plus ou moins de ce superflu (1).

____

(1) Et ce superflu dérive lui-même de deux causes principales; la première est d'abord comme chacun le comprend, cette force de digestion dans l'estomac et les autres organes, faits pour extraire tous les sucs nourriciers des alimens, et les séparer des parties excrémentielles, qui doivent

b) D'une certaine chaleur prédominante dans le tempéramment, pour pousser ce lait dans le pis.

être expulsées ; ensuite cette expulsion des excrémens, qui purifie ces sucs nutritifs ; mais cette faculté n'est pas la seule, car il est prouvé que plusieurs individus qui la possèdent au plus haut degré, n'ont encore que peu d'embonpoint. Mais la seconde à laquelle on pense moins peut être, sans quoi cependant la première n'est rien , ou que peu de chose ; c'est cette autre faculté qui prévient la dissipation ; apparemment en condensant et en figeant les parties huileuses, graisseuses, ou nourricières ; au moyen d'une certaine fraîcheur et d'une certaine tenacité, de certaines humeurs, ou de certains organes ; qualité qui n'est jamais parfaite encore, puisque l'animal qui dissipe et perd le moins , dissipe toujours considérablement ; mais les plus imparfaits à cet égard, dissipent et perdent, la moitié , les trois quarts , deplus que lui ; et souvent bien davantage encore, en proportion de ce qu'ils mangent ; car c'est , et dans l'état de la santé , et dans l'état de cette faculté que la plus grande différence se trouve ; faculté indispensable, puisque quand l'animal la possède à un degré éminent, il lui reste un grand produit net, après la conservation de sa vie et de ses forces , et nous rapporte ce profit , en graisse ou en lait, sans nuire à son bon état ; tandis qu'il ne reste que peu ou point, lorsqu'il ne possède cette faculté que dans un degré médiocre ou très-faible ; et que quand il n'en possède plus , l'animal dépérit lui-même.

c) Des organes du pis bien disposés, pour extraire le lait qui leur est apporté.

6°. La santé des animaux provient, de la bonne constitution, de la bonne santé, de la bonne disposition des père et mère, que leur ont procurés, la bonne saison, la liberté, le mouvement ou l'exercice, le bon traitement ; cette santé des petits procède encore apparemment du rapport des forces génératives des père et mère, par la raison qu'on trouvera dans l'article suivant. Le bon traitement des petits étant jeunes, jusqu'à ce que leur accroissement soit accompli ; le mouvement sans travail pénible, est indispensable aussi, pour assurer la force et l'équilibre de toutes leurs facultés naturelles.

Il serait nécessaire que les pères et mères, fussent toujours dans ce bon état ; et principalement depuis un mois avant la conception, jusqu'à la mise à bas de la portée ; mais le plus

---

Quand je parle donc d'embonpoint, j'entends cette qualité qui préserve les substances nourricières de s'évaporer ; et non cet état très-charnu, qui ne fait rien pour la disposition à l'engrais, ni à l'abondance du lait ; et sans lequel, ou avec lequel, ces profits peuvent exister, ou ne pas exister.

indispensable , est pour les mères , qu'elles soient bien disposées , un mois avant la conception et un mois après ; un mois avant, parce qu'il paraît que la matière qu'elles donnent pour la formation du foëtus , se prépare depuis l'une des époques du rut à l'autre ; et j'ai dit un mois après , vu qu'il se fait apparemment, comme une incubation dans les femelles vivipares , qui dure pendant trois semaines après l'accouplement.

7°. La conception des petits mâles , me paraît incontestablement procéder de la chaleur dominante du tempéramment de la mère sur celui du père , et la conception des petits femelles, me paraît incontestablement procéder de la chaleur dominante du tempéramment du père sur celui de la mère ; conséquemment les androgines, et les hermaphrodites , de l'équilibre parfait de cette chaleur réciproque ; or comme ordinairement j'ai cru reconnaître que le tempéramment de ces individus mixtes, est le meilleur pour la santé , si toutes les autres conditions existent ; j'en conclus que le tempéramment qui se rapproche le plus de cet équilibre , dans chacun des sexes, vaut aussi le mieux , s'il est également d'ailleurs solidement affermi.

Il me paraît, dis-je, que la chaleur dominante du tempéramment du père sur celui de
la mère, fait incontestablement produire les
petits femelles, et que la chaleur dominante
du tempéramment de la mère sur celui du père,
fait incontestablement produire des mâles ; car
j'ai vu les mâles qui étaient d'un tempéramment froid, quoique d'ailleurs très-forts, très-
vigoureux, ne produire que peu de femelles.

Et j'ai vu les femelles d'un tempéramment,
un peu trop froid, quoique d'ailleurs excellentes, ne produire point de mâles. Cependant
quoique la chaleur doive prédominer jusqu'à
un certain point, dans les tempérammens des
sexes, pour la génération des sexes, cette qualité seule ne suffit point pour l'amélioration ;
il faut de plus une certaine consistance à l'humide, et aux autres humeurs ; une maturité,
sans quoi les petits ne se distinguent pas ; principalement pour reproduire à leur tour.

Car j'ai vu de ces mères, qui produisaient
toujours des mâles par leur chaleur, n'en produire que de mauvais, lors même que le père
était bon.

Comme j'ai vu également de ces pères, qui
faisaient presque toujours produire des femelles par leur chaleur, n'en produire que de

mauvaises , lors même que la mère était bonne.

C'est pourquoi il faut le moment de la plus grande force, ou perfection de l'âge, et une bonne préparation pour tout réunir; ou au moins cette bonne préparation , quand le meilleur moment naturel est passé.

Il vaut mieux plus tard que plutôt, et quand les pères et mères sont trop mûrs que pas assez.

Les individus nés de père et de mère trop jeunes, peuvent avoir facilement la chaleur nécessaire, pour la production des sexes expliquée; mais il est presque impossible qu'ils ayent la consistance qu'il faut, comme j'ai dit pour le perfectionnement de l'espèce ; au lieu que les individus nés de père et de mère trop vieux, auront facilement la consistance requise, et pourront même avoir la chaleur nécessaire, si tout a été bien préparé.

Mais pour le redire encore une fois ; pour obtenir tous les effets , il faut avoir recours à toutes les causes, et elles s'entr'aident mutuellement ; c'est donc ainsi qu'un taureau à un de mes voisins, faisait presque toujours produire des femelles, avec les seuls avantages , d'être issu d'une mère dans la plus grande perfection de l'âge , et conçu dans le mois de Juin ,

sans que la mère eut été reposée ; or c'est l'indication de cette dernière condition , que j'ai
renvoyée , en parlant de ce taureau , pour ne
pas déroger à l'ordre que je m'étais proposé.

Les tempérammens chauds et humides, sont
donc ceux que l'on doit préférer pour toutes
choses , et particulièrement pour l'amélioration ; pourvu que cette chaleur et cette humidité , soient retenues dans leurs justes bornes,
par les forces qui leur sont opposées pour les
modérer ; et qu'elles soient associées à leurs
qualités consistantes et conservatrices , sans
lesquelles , elles ne sauraient subsister longtemps.

On connait ce tempéramment , déjà ordinairement en ce que les individus résistent
mieux au froid , mais principalement en ce que
les nourritures raffraichissantes et les sèches,
leur conviennent mieux qu'aux individus de
la même espèce d'un tempéramment différent.

Il y a aussi quelques signes extérieurs , qui
peuvent diriger dans le choix à faire des individus destinés à l'amélioration ; néanmoins
comme plusieurs personnes pourraient s'y
tromper , et que cette indication pourrait
avoir d'ailleurs quelques conséquences incon-
venantes , je ne la donnerai pas.

Et comme la connaissance du tempéramment et des signes extérieurs, n'est pas facile pour tout le monde, par les indices dont je viens de parler ; on devra s'en tenir ordinairement à la connaissance de l'origine ; car ces facultés précieuses, et améliorantes, se produisent toujours plus ou moins parfaitement, par les causes et les moyens indiqués ; si quelque obstacle, ou quelque accident particulier n'occasionne une exception.

Mais, comme je l'ai déja insinué, toutes ces règles sont sujettes à des exceptions ; car toutes les qualités du tempérament dont j'ai parlé, peuvent être rendues nulles pour l'amélioration, par un défaut de conformation ; de plus, être détruites par une maladie, ou l'effet de ces qualités suspendu pour un temps plus ou moins long, par une indisposition plus ou moins nuisible ; et enfin par l'épuisement du mâle, qui dans son plus bas degré, le rend impuissant ; dans un degré moins grave, le rend infécond ; et qui dans un troisième cas, cet épuisement, prive au moins le tribut que le mâle doit fournir pour l'amélioration, des qualités actives et passives, qui lui sont indispensables.

Or, comme j'ai déja dit à cet égard dans

mon premier mémoire, que *le mieux serait de ne donner à la nature que ce qu'elle demande elle-même, sans l'exciter*, il me semble qu'aujourd'hui toute autre explication serait superflue.

Au surplus, pour le dire une fois pour toutes, quoique je ne me sois appliqué particulièrement, pour ce qui concerne l'amélioration, que sur les vaches et taureaux, boucs et chèvres, je crois que tout ce que j'ai expliqué, est commun à tous les animaux vivipares ; mais au sujet des ovipares, je n'ai fait aucune observation.

Maintenant que nos provisions sont faites, nous allons distribuer la part qui convient, à chaque classe de nos conviés.

CHAPITRE IV.

Part à la classe du peuple.

LA première classe que je veux servir, est ici la classe du peuple ; mais pour m'en acquitter convenablement, je ne dois point lui donner d'avis, où il y ait quelque chose de difficile exécution, parce que le plus grand nombre ne saurait observer les règles difficiles, qu'elle que fut leur utilité.

Que ceux qui ne pourront , ou ne voudront pas, suivre les conseils du chapitre suivant, se bornent donc à ceux-ci.

Prenez des veaux en bonne santé , conçus dans les mois de Mai , Juin ou Juillet , de père et de mère en liberté d'exercice, depuis au moins un mois avant la conception de ces veaux , et dont les mères ayent eu de l'exercice le plus longtemps pendant leur gestation ; ces pères et mères sains, dans le moment de la plus grande force de l'âge ; conçus déja, s'il se peut , à la même époque, et ayant été d'ailleurs dans le même cas ;

soignez ces jeunes animaux, selon ce que j'ai dit dans le chapitre second, pour développer leurs facultés et les conserver; par le mouvement et la liberté de l'exercice autant que possible; sans travail précoce et pénible; donnez si vous voulez, les mâles aux femelles aussitôt qu'elles les demanderont; mais ne choisissez pas ordinairement le premier veau pour l'amélioration, si la mère n'a pas trois ans; ni même toujours le second; parce que, excepté dans un petit nombre de cas, lors-même que ces premiers veaux deviendraient excellens à tout autre égard que pour celui de l'amélioration, ils ne le deviendraient pas pour celui-là, si l'accroissement de la mère n'est accompli quand elle fait ce veau; mais prenez pour l'amélioration, le troisième ou le quatrième veau, si la mère a fait le premier à l'âge de deux ans; et prenez le second ou le troisième, si la mère n'a fait son premier veau qu'à l'âge de trois ans (1); en un mot ceux du premier moment de la force de l'âge, mâles et femelles; car il faut toujours que le mâle soit assorti pour toutes choses et pas

épuisé

---

(1) Ceci varie selon que l'accroissement de la mère se trouve fini plutôt ou plus tard.

épuisé; notamment pour avoir des femelles ; continuez sur le même pied de génération en génération, sans vous écarter des règles prescrites au sujet de la santé, soit pour les pères et mères, soit pour les petits.

Quant aux chèvres, espèce de bétail dont l'accouplement ne se fait pas en toute saison, comme celui des vaches, mais en automne; faites le même choix des individus, selon les règles dites plus haut ; puis, pour que les mâles ne s'épuisent pas, fournissez vous en en nombre suffisant, et divisés en petits troupeaux dans la saison de l'accouplement, les individus que vous destinez à l'amélioration, en leur laissant la liberté, afin qu'ils puissent continuer à prendre le mouvement nécessaire, comme à avoir de bonne nourriture et suffisamment ; continuez aussi à leur donner autant que possible, pendant l'hiver, un mouvement considérable ; car il en faut beaucoup à ces animaux ; celà en suivant toutes les précautions indiquées ci-dessus au chapitre second, pour conserver la santé ; et conduisez toutes les espèces de bestiaux selon ces mêmes règles ; autant que l'analogie de leurs cas particuliers pourra le permettre.

Villageois , campagnards , montagnards ,
comme moi ; qui comme moi n'avez reçu
d'autre éducation que celle que l'on donnoit,
il y a trente ou quarante années , ou , que
l'on donne aujourd'hui dans les écoles de
toutes les communes du Canton de Vaud ,
je vous ai comme promis de précieux résultats pour l'amélioration de vos bestiaux avec
très-peu de difficultés ; vous ai-je trompés
ou vous ai-je tenu parole ? Essayez , et répondez-moi.

CHAPITRE V.

Part aux Agronômes.

Une seconde classe plus élevée que la première, à laquelle je dois particulièrement faire part de tous les fruits de mes travaux, parce que les connaissances de cette classe, la disposeront mieux à tout recevoir, et ses moyens à en faire usage ; c'est la classe des agronômes expérimentés.

Je leur dirai donc :

Aux conseils du chapitre précédent, qui consistent entr'autres choses, à choisir des veaux, conçus en Mai, Juin ou Juillet, de pères et de mères en liberté d'exercice, ou de mouvement, depuis au moins un mois ; et dont les mères auront eu la liberté de l'exercice le plus longtemps pendant la gestation ; dans le premier moment de la force de l'âge ; sains, et issus également de pères et de mères dans le même cas ; les uns et les autres développés et conservés, par les soins indiqués dans

7 *

le chapitre second ; ajoutez les moyens que je vais indiquer encore

Refusez le mâle le second été de leur vie, à vos genisses qui le demanderont ; ce qui serait quelques mois après l'âge d'un an ; où même refusez également le mâle le troisième été, quelques mois après l'âge de deux ans, aux genisses qui ne l'auraient pas demandé plutôt ; donnez ce mâle à ces génisses au mois de Décembre suivant, afin que le premier vêlage ait lieu au mois de Septembre de leur troisième, ou de leur quatrième année ; (1) mais ne prenez pas encore ce premier veau pour l'amélioration ; refusez une seconde fois le taureau à ces jeunes vaches, jusques aux mois de Mai, Juin ou Juillet suivants ; accordez-leur alors comme devant être bien disposées, le taureau bien préparé, dont les forces génératives peuvent être analogues, pour remplir

______

(1) Il me semble d'ailleurs que ce vêlage de quelques vaches dans cette saison, doit convenir presqu'à tout le monde, pour rendre la provision de lait plus égale pendant toute l'année ; car celles dont il s'agit ici, rendraient le plus la première année, quand le lait de celles qui vêlent dans la saison ordinaire, diminue ou tarit.

toutes les conditions requises ; particuliére-
ment la production des femelles ; puis élevez avec sécurité , les veaux mâles et femelles qui en naîtront, aux mois de Mars ,
d'Avril ou Mai, de l'année après ; élevez ces
veaux à leur tour, selon les règles naturelles
pour conserver la santé , que j'ai expliquées ;
et continuez toujours cette méthode.

Ainsi, vous ne nuirez pas à l'accroissement
de vos jeunes bestiaux, en les livrant à une
fécondité précoce, et vous ne les garderez
cependant pas guères plus longtems, qu'on ne
garde les genisses ordinaires sans qu'elles ren-
dent ; ainsi ces jeunes vaches, se purifieront
mieux de leurs impuretés utérines, et leurs
organes se retremperont mieux , en vêlant
dans la saison de l'automne , pendant qu'elles
prennent du mouvement , et qu'elles ont encore de l'herbe, qu'en vêlant dans la froide
saison, et dans l'inaction ; et seront d'autant
mieux disposées pour concevoir le veau que
l'on a en vue ; le repos génératif que vous ac-
corderez à ces vaches, ne sera pas onéreux pour
vous ; puisqu'en grandissant d'autant plus,
elles donneront déjà du lait ; et la disposition qu'elles acqueront ainsi à cet âge , réu-
nira toutes les conditions nécessaires. On

pourra faire les mêmes opérations avec des vaches d'un âge plus avancé, et obtenir de grands succès aussi sans doute, mais toutes choses d'ailleurs égales , l'âge de trois, de quatre ou cinq ans vaut le mieux pour la conception ; c'est-à-dire, le moment de la fin de l'accroissement ; conduisez vos autres bestiaux d'après ces règles générales, et d'après les règles analogues particulières qui peuvent convenir à chaque espèce ; (1) en

---

(1) L'application de ces principes, ne me parait être difficile pour aucune espèce ; mais sans entrer dans tous les détails pour ce qui regarde chacune en particulier , je dirai à l'égard de l'espèce des chevaux, par exemple , cette espèce , l'une des plus précieuses à l'homme par les grands services qu'il lui rend ; services que le gouvernement dans sa sagesse, a si bien reconnus et appréciés ; cette espèce dis-je, n'est elle pas principalement dans le cas de recevoir cette application sans la moindre difficulté ? Qu'y a-t-il en effet de plus simple, que de choisir un étalon , et une jument des plus belles races, ou à défaut de telle race que l'on voudra ou que l'on pourra ; conçus l'un et l'autre dans le mois de mai ; de père et de mère dans la force de l'âge ; recevant par une bonne nourriture, comme par l'exercice ou un travail modéré, soit, en un mot, par des soins bien entendus , les forces dont ils ont ordinairement capables ; avantages dont les chevaux destinés à la propagation, sont déjà plus souvent favorisés que les autres bestiaux ? Qu'y a-t-il de plus simple, que de donner un repos génératif d'une année, à

vous rappelant toujours, que plus un jeune animal est perfectionné, plus il a ordinaire-

---

une jeune jument, après qu'elle a mis bas son premier poulin, pour que ses forces prolifiques en soyent augmentées, au moment de sa plus grande perfection ; soit aussi-tôt que son accroissement est accompli ? Qu'y a-t-il de plus simple encore, que de donner à cette jument, un étalon dont les forces génératives soyent en rapport, par l'analogie de leur origine, et par les soins que l'on aura pris de préserver l'étalon de l'épuisement ? Et qu'y a-t'il de plus facile, principalement pour les chevaux, que de leur continuer toujours l'exercice nécessaire, et un bon traitement sous tous les rapports, pour leur conserver les forces et la santé ? ce qui peut dispenser de les mettre aux paturages, et qui pourrait dispenser d'y mettre les autres bestiaux, si l'on pouvait également sans cela, leur procurer l'exercice et le bon traitement qui conviennent à chaque espèce ?

J'ajouterai ici une explication dont je n'ai encore fait mention nulle part ailleurs ; c'est que le moment de la plus grande force de l'âge, c'est-à-dire, le meilleur moment pour la conception, étant arrivé pour une femelle quelconque, il vaux mieux ordinairement qu'elle ait déjà fait un petit avant cette époque, et qu'elle ait été reposée ensuite, que de n'avoir point fait de petit ; parce qu'en ayant fait un, il paraît qu'en général, les canaux destinés à communiquer les sucs nourriciers sont plus ouverts, comme tous les organes de la génération mieux disposés, par cet essai de leurs forces, que lorsqu'il n'a pas eu lieu ; et qu'en conséquence, les produits en deviennent d'autant meilleurs à tous égards.

ment besoin de frein, pour qu'il ne se précipite pas dans les grâves inconvéniens d'une fécondité précoce, en petits et en lait; fécondité qui ne manquerait pas d'empêcher son perfectionnement; car j'ai vu avec douleur, que quelques vaches qui promettaient le plus étant jeunes, et qui seraient devenues les plus distinguées à tous égards, restaient en arrière des médiocres sous plusieurs rapports, pour cela seul qu'elles avaient fait leur premier veau à l'âge de deux ans, et donné dès ce moment un lait extraordinaire presque sans interruption; tandis que les autres bien inférieures jusqu'à deux ans, avaient dévancé les premières, seulement parce qu'elles n'avaient rien produit que longtemps après.

Voilà donc encore, comment le mal est presque toujours à côté du bien, afin que l'intelligence et la raison de l'homme, ayent à s'exercer en les discernant; et que cette intelligence et cette raison, ne soyent par conséquent pas sans usage!!!

Agronômes éclairés, je vous ai comme promis des résultats extraordinaires, d'amélioration de vos bestiaux, en grandeur, en force, en beauté, en embonpoint, en abondance de lait, en santé solide ; et tout cela par des moyens simples, et faciles à faire pratiquer à vos subordonnés ; vous ai je trompés, ou vous ai-je tenu parole ? Essayez, et répondez-moi.

CHAPITRE VI.

Part aux Naturalistes.

———

Je vous ai annoncé, Messieurs, déjà dans mon premier mémoire, une découverte, non seulement utile, mais curieuse ; dans le cours de celui - ci, vous avez vû qu'elle consiste, sous le rapport de la curiosité, pour la génération des espèces vivipares ; en ce que, l'influence dominante de la femelle produit des mâles, et que l'influence dominante du mâle produit des femelles ; mais, en admettant l'hypothèse, que le mâle donne tout pour le foëtus, et que la femelle ne fournit que le vase pour le recevoir, la nourriture, la faculté de la faire développer et mûrir ; comment dans cette hypothèse, la forte faculté de la mère, change-t-elle en mâle, le foëtus que le père avait donné femelle ?

En admettant l'hypothèse du mélange des deux semences, pour l'œuvre de la génération ; comment la force ou le poids de la semence de la mére , ayant fait pencher la balance d'un côté, produit-elle un mâle ? et comment la force ou le poids de la semence du père , ayant fait pencher la balance de l'autre côté, produit-elle une femelle ?

En admettant l'hypothèse de la préexistence des œufs dans la mère , contenant déjà le petit tout formé, que la semence du père ne ferait que vivifier ; comment cette semence du père , quand elle a la force requise, transforme-t-elle en un petit femelle, ce fœtus , dont la mère avait fait un petit mâle ?

Ou seulement, comment le sexe masculin, qui est ordinairement le plus fort, produit-il le sexe qui est ordinairement le plus faible ? et comment le sexe féminin, qui est ordinairement le plus faible, produit-il le sexe qui est ordinairement le plus fort ? et comment y a-t-il quelques exceptions, et comment cela n'arrive-t-il pas toujours ?

Les espèces ovipares sont-elles soumises aux mêmes lois, ou en ont-elles de particulières ?

Physiciens, naturalistes, vous ayant comme promis des choses curieuses, et de grandes difficultés dans ma découverte, vous ai-je trompés ou vous ai-je tenu parole ? Voyez et répondez-moi !!!

Quant à moi, j'ai fait quelques conjectures là-dessus, mais que je n'ose pas hasarder ; me contentant de répéter ces vers d'un poéte.

„ La raison te conduit, avance à sa lumière,
„ Marche encore quelques pas, mais borne ta carrière ;
„ Au bord de l'infini, ton cours doit s'arrêter,
„ Là commence un abîme, il le faut respecter.....
„ Pourquoi donc m'affliger, si ma débile vue,
„ Ne peut percer la nuit, sur mes yeux répandue.
„ Je n'imiterai point, ce malheureux savant,
„ Qui des feux de l'Etna, scrutateur imprudent,
„ Marchant sur des monceaux, de bitume et de cendres,
„ Fut dévoré des feux, qu'il cherchait de comprendre ".

VOLTAIRE.

CONCLUSION ET RÉCAPITULATION.

APRÈS avoir traité des moyens d'améliorer les races de bestiaux dans chaque espèce, il faudrait pouvoir parler des variétés utiles que l'on peut sans doute obtenir ; mais comme je me suis fait une loi, de ne raisonner que d'après de longues expériences, et que je n'en ai point à cet égard, seulement une théorie incertaine, je ne m'en mêlerai pas ; abandonnant aux agronomes instruits et exercés dans cette partie, le soin de la traiter.

Et il reste même encore une branche de perfectionnement dont je n'ai rien dit, parce que je n'ai pas fait là-dessus les expériences nécessaires, quoiqu'elle ait un rapport direct avec mon sujet, c'est touchant la qualité du lait ; objet où il y a aussi une différence extrême, selon que tous ceux qui y ont donné quelque attention peuvent en être convaincus ; mais puisque je n'ai pas non plus à cet égard toutes les données que je désire, je renvoyerai d'en parler à un autre tems, où j'aurai pu les acquérir ; qu'il suffise de savoir à

ce moment, que les moyens de perfectionnement que j'ai indiqués à tous les autres égards,
ne sauraient nuire à celui-ci, et que dans tout
cas donné, la femelle la plus abondante en
lait, peut avoir en même temps le meilleur,
tandis que celle qui en donne le moins, peut
avoir le plus mauvais. Ainsi :

1°. Le choix des pères et mères bien disposés, dans le premier moment de la force
de l'âge, et nés de père et de mère dans le
même cas; pour avoir particulièrement des
bestiaux, grands, forts, et doués du degré
d'équilibre nécessaire de toutes les facultés
actives.

2°. Le repos génératif, particulièrement
des mères, et la capacité des pères d'y
concourir passivement, pour avoir des petits
disposés à l'engrais, dans un degré supérieur.

3. Pour l'abondance du lait, qui s'obtient
par les moyens ci-dessus, moyennant que le
pis ne soit pas mal organisé.

4°. Le choix des pères et mères, beaux et
bien faits, mais principalement des pères,
pour donner aux petits la beauté des formes.

5°. La chaleur modérée, mais dominante,
et la consistance nécessaire dans les humeurs,
soit des pères, soit des mères ; pour com-

muniquer toutes leurs facultés à leurs descendans ; par le moyen de l'équilibre nécessaire de leurs forces prolifiques respectives ;
et deplus par le même rapport de ces forces
génératives , soit de chaleur du tempérament
des pères et mères , ne pas laisser détruire
l'un des sexes , mais conserver le nombre des
mâles et des femelles à peu près égal , selon
que la nature l'a ordonné ; facultés qui se
trouvent au plus haut degré , principalement
dans le premier moment de la force de l'âge ;
et d'autant plus que les individus en provien-
nent déja ; si cette force a été secondée par
le repos génératif, le traitement convenable, et
s'il n'y a pas eu d'accident ; mais ce que l'on
obtient encore jusqu'à un certain point, dans
un âge plus avancé , par les accessoires requis.

6°. La conception dans la saison de l'année la plus favorable pour chaque espèce ; afin
que les bestiaux ayent le mouvement nécessaire, ou liberté de l'exercice, au moins depuis un mois avant la conception, et les mères un mois après ; comme la meilleure nourriture ; et jusqu'à fin de la gestation s'il était
possible ; pour que les petits puissent acquérir, par le meilleur état des pères et mères,

la plus forte santé ; condition indispensable, pour fortifier toutes les facultés et les préserver.

7°. Cette même liberté de mouvement et d'exercice pour les petits, sans travail précoce, ni pénible, jusqu'à leur entier dévelopment ; en un mot, le traitement le plus naturel. Suivant :

8°. En huitième lieu ; les soins prescrits au Chapitre second, qui consistent :

 a) Dans la propreté ;

 b) A donner une nourriture saine et abondante ;

 c) A éviter tous les excès ; pour ne pas détruire elle-même cette santé.

9°. Une bonne conformation dans les organes sexuels.

10°. Le frein à mettre à une fécondité précoce ; et dans tous les cas, pour préserver les mâles de l'épuisement ; car on ne peut trop le répéter. C'est à quoi se réduit, pour l'amélioration des races de bestiaux, tout ce que j'ai fait entendre.

JEAN-LOUIS RODIEUX.

A Cuves, rière Rossinière, le 4 Mars 1824.

TABLE DES MATIÈRES.

FIN DE LA TABLE.

ERRATA.

Page 7 ligne 8 certaines, *lisez* certains.

—— 7 —— dernière, encors, *lisez* encore.

—— 11 —— 19 brisaient, *lisez* brisait.

—— 12 —— 21 perfeétionnés, *lisez* perfectionnés.

—— 15 —— avant-dernière, ropport, *lisez* rapport.

—— 22 —— 9 degré, *lisez* degrés.

—— 51 —— 7 convient mieux, *lisez* convient le
mieux.

—— 58 —— 15 en en prenant, *lisez* en n'en prenant.

—— 86 —— 10 susceptibte, *lisez* susceptible.